Reiner Dittrich

Stromausfall

Was tun, wenn nichts mehr geht? Von hilfreichen Maßnahmen und Wegen zur Autonomie

ökobuch

Bibliografische Information der Deutschen Nationalbibliothek

Die Deutsche Nationalbibliothek verzeichnet diese Publikation in der Deutschen Nationalbibliografie; detaillierte bibliografische Angaben sind im Internet unter http://dnb.d-nb.de abrufbar.

Unsere Bücher werden nach höchsten Ansprüchen an Nachhaltigkeit und Ökologie produziert und wir optimieren ständig weiter:

- Papiere und Pappen sind FSC® oder PEFC™ zertifiziert
- Druckfarben auf Pflanzenölbasis
- Druckplattenbelichtung komplett chemiefrei
- Klebstoffe lösungsmittelfrei
- 100% Öko-Strom bei Druck und Bindung
- Müllvermeidung und Recycling bei der Produktion
- kurze Wege, gedruckt in Deutschland

ISBN 978-3-936896-98-5

2. Auflage 2022

Königstr. 43, 26180 Rastede
E-Mail: verlag@oekobuch.de
http://www.oekobuch.de

Druck: Grafisches Centrum Cuno, Calbe

Inhalt

Einleitung

Leben ohne Strom – geht das überhaupt noch? Diese Frage erscheint in unserer modernen Gesellschaft etwas verfehlt. Unser tägliches Umfeld ist vollgestopft mit technischen Dingen, wir vertrauen blind unserer Stromversorgung, als wäre sie unzerstörbar, immer fehlerfrei und unbegrenzt vorhanden. In den kommenden Jahren soll auch der Energiebedarf für unsere Mobilität durch Strom gedeckt werden.

Was würde passieren, wenn der Strom regional oder überregional ausfällt, nicht nur ein paar Stunden oder einen Tag, sondern eine Woche oder gar einen ganzen Monat? Was passiert, wenn nichts mehr geht? Wie verhalten wir uns in solch einer Situation? Ein Mensch kann ohne Wasser höchstens vier Tage überleben, ohne etwas zu essen bis zu drei Wochen. Doch wie lange können wir ohne Strom leben?

Könnte es sein, dass nur Obdachlose und Minimalisten eine Überlebenschance haben, weil sie längst gelernt haben, wie es auch anders geht? Oder sind es eher die Camper und Skipper, die ihre Wohnmobile und Yachten auf alternative Energieversorgung umgerüstet haben? Haben Sie schon mal was von den Preppern (be prepared: vorbereitet sein) oder Off-Griddern (Die Netzunabhängigen) gehört – jenen Menschen, die uns überlegen sein wollen, weil sie sich längst schon auf den Krisenfall vorbereitet haben?

Bei aller Vorsorge: Zum Überleben braucht man als Mensch sehr wenig. Doch Leben ist weit mehr als reines Überleben. Das folgende Buch will weder Panik verbreiten noch irritieren. Es soll realistisch aufzeigen, wie verwundbar unsere hochtechnisierte Gesellschaft sein kann. Es soll uns zum Nachdenken anregen und Wege aufzeigen, wie wir uns vorbereiten und schützen können. Das beginnt mit persönlichen Vorkehrungen, kleinen technischen Veränderungen in unserem Haushalt, bis hin zum grundsätzlichen Überdenken unserer eigenen Lebensweise.

Das Buch ist in fünf Abschnitte gegliedert:
Der 1. Abschnitt wird eingeleitet mit einer Geschichte, welche die Alltagsrealität eines überregionalen Blackouts skizziert. Eine Reihe von Gefahren und Problemen werden dabei beschrieben, die jeden von uns treffen können. Es zeigt, wie schnell wir in schwierige Zwangssituationen geraten können.

Der 2. Abschnitt befasst sich mit dem Aufbau und den grundlegenden Funktionen unseres Stromversorgungssystems, um besser zu verstehen, was beim Ausfall des einen oder anderen Elementes passieren kann.

Teil 3 befasst sich mit möglichen Szenarien für einen großflächigen Stromausfall. An dieser Stelle erwarten uns greifbare Tatsachen und wissenschaftliche Fakten, die mit vielen wahren Geschehnissen belegt sind. Auch einige gewagte Hypothesen sollen nicht verschwiegen werden: Jene Katastrophenszenarien, die praktisch möglich sind und u.U. unser gesamtes Stromnetz lahmlegen können.

Im 4. Kapitel geht es um mögliche Vorsorgemaßnahmen, die von jedem mit einfachen Mitteln und ohne größere finanzielle Ausgaben umgesetzt werden können. Viele dieser Maßnahmen gehen auf Einzelsituationen der Anfangsgeschichte ein und erläutern Strategien zur Vermeidung.

Im 5. Kapitel wird es technischer, es geht vor allem um gespeicherten Strom in Batterien und Akkus sowie um unterbrechungsfreie Stromversorgung (USV) und um Notstromaggregate. Zusammenhänge aus dem elektrotechnischen Alltag, die uns täglich begegnen, werden näher erläutert. Dieses Wissen kann auch für Nicht-Elektriker äußerst nützlich sein.

Im 6. Kapitel erhält der Leser/die Leserin Anregungen zu alternativen Stromversorgungstechniken, die heute schon zur Verfügung stehen und die uns bleiben, selbst wenn die fossilen Energieträger einmal nicht mehr zur Verfügung stehen.
Lassen Sie sich überraschen…

1 Blackout – nichts geht mehr

Tag eins

Eigentlich war es ein ganz normales Herbstwochenende. Unsere kleine Familie hatte ein schönes Wochenende verlebt. Das läuft bei uns oft wie ein Ritual ab. Da wir beide berufstätig sind, ist der Sonnabend dem Einkaufen und dem Wohnungsputz vorbehalten. Die Kinder haben in dieser Zeit frei, dürfen spielen. Sonntags unternehmen wir meist etwas Gemeinsames. Diesmal fuhren wir aus der Stadt zu einem etwas höher gelegenen Ackerland.

Hier weht der spätherbstliche Wind besonders kräftig und lässt unsere selbstgebauten Drachen lustig im Wind tanzen. Nicht mehr lange, dann wird alles voller Schnee liegen. Der Wetterbericht hat es schon angekündigt. Feuchte Luftmassen, ein Tiefdruckgebiet und kalte Luft aus dem Osten wandern auf uns zu. Als sich dann am späten Nachmittag die ersten dicken Wolken vor die tief liegende Sonne schieben, packen wir unsere Sachen ein. Mit roten Nasen und kalten Fingerspitzen, doch mit dem Gefühl noch einmal so richtig frischen Sauerstoff getankt zu haben, fahren wir heim.

1: Busan, Südkorea, 2015 am Abend: Beispiel für eine voll elektrifizierte Stadt. Können Sie sich vorstellen, was los ist, wenn dort der Strom ausfällt?

Als wir nach dem Abendessen unser Fernsehgerät einschalten, laufen gerade die Nachrichten. Nach den üblichen Wirtschaftsnachrichten und einem Bericht über die Erweiterung eines Einkaufscenters im Stadtkern flimmern Bilder von starken Schneefällen über die Mattscheibe. Verzweifelt versuchen Räumfahrzeuge die Fahrbahnen zu räumen, nachdem querstehende Laster eine Autobahn blockiert haben. Irgendwo sind die Menschen wieder einmal vom voreiligen Winterwetter überrascht worden. Und wie jedes Jahr reagiert der Winterdienst viel zu spät. Aber das interessiert uns nicht weiter. Wir wohnen nicht im Gebirge. In der Stadt laufen viele Dinge geregelter ab.

In dem Moment, als ich die erste Flasche Bier öffne und Mutter das Geschirr in die Küche bringt, ist er weg – der Strom. Im Haus gehen die Lichter aus. Im Wohnzimmer bleibt der Fernseher stumm. Aus dem Nebenzimmer kommen die Kinder gelaufen. Plötzlich versammelt sich die ganze Familie in einem Raum. Krampfhaft wird nach einer Lichtquelle gesucht. Ein Feuerzeug flammt auf. Nach einigem Wühlen in verschiedenen Schubfächern findet sich noch eine Kerze. „Das wird doch hoffentlich nicht lange andauern, ich will heute noch mit meiner Freundin telefonieren!“ ruft die Mutter. Die kleine Lene, die die ganze Aufregung nicht versteht, weint erst mal los. Ich versuche sie väterlich zu beruhigen: „Keine Panik, bestimmt ist nur irgendwo eine Sicherung durchgebrannt“. Ihr großer Bruder Paul springt einstweilen lärmend vor Freude im Zimmer herum. Im romantischen Licht einer Kerze lässt es sich hervorragend Gespenster spielen. Ich freue mich auf den neuen Tatortfilm, der gleich beginnen soll.

Doch nun laufe ich erst mal ohne Licht in den Keller. Bereits im Treppenhaus drücke ich aus alter Gewohnheit zielsicher den Lichtschalter. Doch alles bleibt dunkel. Lachend über die eigene Vergesslichkeit taste ich mich im Dunkeln weiter. Die Treppen herunter läuft es sich schon etwas unheimlich. Wenn man jetzt die Anzahl der Stufen wüsste, bräuchte ich nur abzählen. Im Untergeschoss angekommen, geht Nachbars Tür auf. Herbert, das immer nörgelnde Raubein, steht im düsteren Flur und ist außer sich. „Das kann doch wohl nicht wahr sein, die müssen doch einen an der Waffel haben“. Wen immer er auch mit „die“ meint, irgendeinen Schuldigen wird es schon geben. Nur hilft das augenblicklich nicht weiter. „Haben Sie vielleicht eine Taschenlampe im Haus?“ frage ich. Doch Herbert verneint, zieht sein Gesicht in Falten und macht kurzerhand kehrt. Er grummelt noch einige Flüche vor sich hin, wühlt in seiner Garderobe verschiedene Jacken durch und befördert ein Handy hervor.

„Wollen Sie einen Elektriker anrufen?“ frage ich erstaunt. „Nee, der kostet bloß Geld. Aber das Display!“ Er streckt mir ein bläulich schimmerndes Teil entgegen.

Tatsächlich, im Schein der Displaybeleuchtung lässt sich einiges erkennen. Die Augen haben sich bereits an die Dunkelheit gewöhnt. Wenig später stehen wir im Keller. In einem hinteren Kellerregal, zwischen Einweckgläsern und Fahrradteilen taste ich nach meinem Werkzeugkoffer. Seit Jahren hüte ich darin eine Akku-Taschenlampe – für den Notfall. Leider glimmt sie nur kurz auf. Komisch, denke ich, dabei hatte ich sie voll aufgeladen geschenkt bekommen und gleich weggepackt. Sie war praktisch noch unbenutzt. Wir tasten uns im schwachen Handylicht weiter bis zum Zählerschrank. Hilflos begutachten wir die kleinen Hebelchen, die so schön aufgereiht nebeneinander stehen. Plötzlich ist es wieder dunkel. Die Displaybeleuchtung schaltet sich nach 30 Sekunden automatisch aus. Herbert fummelt auf der Tastatur herum, dann glimmt abermals das fade Licht auf. Offensichtlich scheint an den Sicherungen alles in Ordnung zu sein. „Ach, bestimmt hat die Baufirma gepfuscht, ich hatte gleich so ein Gefühl, als die den neuen Zähler eingebaut hatten“. Herbert kennt sich da aus, war selbst lange Zeit auf dem Bau beschäftigt. „Glaub ich nicht“, sage ich, „die kenn ich recht gut, die arbeiten immer ordentlich.“ Und wieder standen wir im Dunkeln. Der Energiesparmodus am Handydisplay nervt. Herbert fummelt mit seinen derben Handwerkerhänden herum und erneut flammt die bläuliche Notbeleuchtung auf. Mir kommt ein Verdacht auf. „Vielleicht hat die Wohnungsgesellschaft ihre Rechnungen nicht beglichen und die Stadtwerke haben einfach die Stromleitung gekappt?“

„Quatsch, das geht nicht so einfach, dafür gibt es Gesetze.“ sagt Herbert. Dann aber scheint er sich so sicher auch nicht zu sein. Denn er bemerkt, auch schon eine Mahnung bekommen zu haben. „Naja, die hohen Energiekosten, Strom, Wasser, Wärme, das Benzin für's Auto, da kommt schon einiges zusammen.“

Während wir noch so ratlos diskutieren, erschallt im Treppenhaus eine Stimme. „Ist hier wer?“ Der Lichtkegel einer gleißend hellen Taschenlampe blendet uns. Schemenhaft erkennen wir dahinter eine gebückte Gestalt. An der Stimme erkennen wir schnell unsere Hausnachbarin Hildegard. „Der ganze Straßenzug ist dunkel“, sagt sie und meint, man müsse die Energieversorgung informieren. Schnell ist geklärt, dass auch bei ihr und den anderen Nachbarn der Strom weg ist. Herbert zückt erneut sein neues Smartphone. Er blättert einige Zeit in der Telefonbuchfunktion und wählt schließlich eine Servicenummer. Nach einigen Sekunden ertönt das Besetztzeichen. „Mist, wenn man die schon mal braucht“ schimpft mein liebenswerter Nachbar. Dank der Wahlwiederholung versucht er es noch einige Mal. Dann das Freizeichen und kurz darauf meldet sich eine freundliche Computerstimme. Wir werden aufgefordert, zur zügigen Bearbeitung zunächst die Postleitzahl einzugeben. Doch dazu kommt Herbert nicht mehr. Das Telefon gibt ein doppeltes Piepsen von sich, dann schaltet es sich abrupt ab. Der Akku ist leer.

Herbert, in dem trotz seines grobklotzigen Charakters noch ein Fünkchen Kavaliersehre steckt, begleitet unter Flüchen auf die vermeintlichen Schuldigen, Hildegard nach Hause. Auch ich taste mich in völliger Dunkelheit langsam nach oben.

Im Wohnzimmer ist inzwischen Ruhe eingezogen. Die Kinder sind längst eingeschlafen und Katrin, meine Frau, hat im Kerzenschein eine Flasche Wein geöffnet. Zwei Gläser wecken in mir erotische Gefühle. Wir machen es uns gemütlich und genießen den schönen Abend…

Tag zwei

Wir wachen am nächsten Morgen auf. Es ist schon hell und ich schnelle aus dem Bett. Wir haben verschlafen. Warum hat der Wecker nicht geklingelt? Ach so, der Strom ist noch immer weg. Verdammt, der Morgen fängt ja schon gut an. Unsere Kinder scheint das alles nicht zu stören. Sie sind schon lange wach, haben sich im Wohnzimmer aus Decken und Bettzeug eine Bude gebaut. Meine Frau schaut etwas entrüstet: „Wie sieht es denn hier aus?“ Ich finde es nicht so schrecklich. Was hätten sie denn sonst tun sollen, wenn wir so lange schlafen?

„Diesmal sitzt ihr ja gar nicht vor dem Fernseher, wie kommt das denn?“ will ich wissen. „Na, der Strom ist doch weg“, rufen mir beide Kinder gleichzeitig zu. Na, dann lasst uns erst mal frühstücken. Ich decke schon mal im Esszimmer den Tisch, während unsere Kinder sich anziehen. „Sag mal, hast du eine Idee, wie ich einen Kaffee kochen soll, unser Kaffeeautomat geht nicht!“ ruft Katrin aus der Küche. „Dann trinken wir heute eben türkisch.“ Das war etwas unüberlegt von mir. Die Reaktion kommt auch sofort: „Witzbold, und wo nehme ich das kochende Wasser her?“ Unsere Kinder scheinen zu spüren, dass heute alles irgendwie anders ist. Sie haben sich in Windeseile angezogen, diesmal ohne lange Diskussionen und ohne Murren. Na, das hat doch auch was Gutes, denke ich mir und schicke sie gleich ins Bad. „Geht euch schon mal waschen und dann gibt es Frühstück.“

Die Rasselbande verschwindet auch gleich ins Bad. Kurz darauf erklingt ein doppelter Aufschrei „Iiii, das Wasser ist ja eisig kalt!“ „Dann muss es heute eben mit kaltem Wasser gehen!“ rufe ich zurück. Aber die Kinder weigern sich. „Nö, ich wasch mich nie wieder, wenn das Wasser so kalt bleibt“ schimpft Lene und Paul nickt zustimmend. Noch bevor ich etwas sagen kann, fragt mich meine Frau, ob ich beim Bäcker war. Wir haben weder Brot noch Brötchen im Haus. „Habe ich vergessen“, muss ich eingestehen. Bisher war das auch kein Problem, wir haben für solche Fälle jede Menge Aufbackbrötchen im Haus. Schön eingepackt in Folie, unter Schutzatmosphäre, halten sie einige Wochen. Wenn welche gebraucht werden, schieben wir sie für ca. 10 Minuten in den Backofen des Elektroherdes und legen sie dampfend frisch auf den Frühstückstisch.

Doch heute bleibt das alles Illusion. Wir durchsuchen unseren Küchenschrank. Es ist nicht viel zu finden, aber es muss erst mal reichen. Wir trinken Milch, essen Kekse und die Kinder teilen sich eine Tüte Cornflakes. Meine Laune verfinstert sich. Ohne Kaffee komme ich morgens nicht los. Auch meine Frau beginnt gereizt zu werden. „Wir könnten wenigstens mal Nachrichten hören, aber dein supermodernes Küchenradio gibt auch keinen Ton von sich. Es musste ja unbedingt so ein teures Digitalradio sein“. „Dafür hat es aber einen wunderbaren Klang, echt, mit Surround, Bassröhre und USB-Anschluss“, versuche ich mich zu rechtfertigen. Sie hat natürlich Recht, ein kleines Kofferradio mit Batterien wäre in dieser Situation angebrachter, auch wenn der Klang nicht so gut ist. Doch dann verschlägt es uns beiden die Sprache. Unsere Lene steht vom Tisch auf und schüttet ihre eingerührten Cornflakes in die Spüle. „Was ist denn jetzt los?“ wollen wir wissen. „Na, das schmeckt mir nicht. Wenn die Cornflakes in der Milch einweichen, will ich das nicht mehr!“ verkündet meine Lene mit kindlich kreischender Stimme. „Ich will was anderes!“ Uns wird langsam bewusst, in welchem Luxus wir leben. Aber was sollen wir ihr jetzt geben? Wir kaufen nicht auf Vorrat. Warum auch, der nächste Einkaufsmarkt in unserem Stadtteil ist nur wenige hundert Meter entfernt. Außerdem schauen wir regelmäßig nach Schnäppchen.

In Gedanken gehe ich meinen letzten Einkauf durch: Eine Doppelpackung Rooibostee, einen aromatischen Lufterfrischer mit der Duftrichtung Lilientraum, die ich so mag. Auch mehrere Dosen Diät-Drink für meine Frau, geröstete Kürbiskerne, eine Dose extracremiger Tsatsiki, eine Riesentube Meerrettichaufstrich mit der Aufschrift „extrascharf" und im absoluten Sonderangebot eine Kollektion Soßenbinder für helle und dunkle Soßen. Für's Auto entdeckte ich im letzten Augenblick an der Kasse noch zwei Kissen Luftentfeuchter. Total preiswert, das Stück nur 2,99 €. Solche Kissen sind sehr nützlich, da laufen die Scheiben von innen nicht so schnell an. Bisher glaubte ich, einen guten Einkauf getätigt zu haben.

Langsam kommen mir Zweifel und meine Laune verfinstert sich weiter. Das kreischende Heulen meiner Tochter reißt mich in die Realität zurück. Ich versuche, den klebrigen Brei in der Spüle wegzuspülen. Doch aus dem Wasserhahn kommen nur noch wenige Tropfen. Nun ist nicht nur das Spülbecken blockiert, auch meine Hände kleben. Mit einem Bogen Küchenpapier reinige ich mich notdürftig. Dabei fällt mein Blick auf meine Armbanduhr. Ich erstarre. Wir sollten schon längst auf dem Weg zur Arbeit sein. Wir kommen zu spät. Alles stehen und liegen lassend stürzen wir in den Flur und suchen unsere Sachen zusammen.

Auf der Straße funkeln uns Eiskristalle entgegen. Es ist ein kühler und grauer Morgen. Die Luft riecht angenehm frisch. Jeder Atemzug wird beim Ausatmen als Dampfwolke sichtbar. In der Nacht hat es kräftig geschneit, eine dicke Schneeschicht liegt auf dem Gehsteig. Der Winter ist unverhofft zeitig angekommen. Mir fällt auf, dass sich sehr viele Autos einen Weg durch den Schnee bahnen.

Wir wohnen zwar inmitten eines großen Stadtteilzentrums, aber in unserer Nebenstraße bleibt es um diese Zeit gewöhnlich ruhig. Vielleicht liegt es daran, dass der Schneepflug noch nicht vorbei gekommen ist und einige Autofahrer Umfahrungen nutzen. Wir verabschieden uns voneinander. Es ist jeden Morgen das gleiche Ritual. Katrin bringt zuerst unsere Tochter Lene mit der Straßenbahn in den Kindergarten und fährt dann in Fahrgemeinschaft mit einer Kollegin zur Arbeit. Ich übernehme unseren Sohn Paul. Auf meinen Weg zur Arbeitsstelle lade ich ihn vorher an seiner Schule ab. Die wenigen Schritte bis zu unserem Auto rennen wir zwei. Das spart etwas Zeit und vielleicht kommen wir dadurch nicht ganz so spät. Paul klickt wie an jedem Morgen im Lauf auf die Autoschlüsseltaste. Die Warnblinkanlage grüßt zweimal zurück. Während er seinen Schulranzen verstaut und ich eine dicke Schnee- und Eisschicht von der Frontscheibe kratze, höre ich meinen Namen in der Ferne rufen.

Katrin gestikuliert mit ihren Händen. Was denn nun, noch was vergessen? – denke ich. Doch als sie mit der kleinen Lene an der Hand herankommt, beginne ich zu begreifen. Die Straßenbahn fährt nicht. Ohne Strom kommt auch sie nicht vorwärts. Uns bleibt nichts weiter übrig, als gemeinsam mit dem Auto zu fahren. Wir besitzen nur ein Auto. Der Weg wird für mich dadurch entschieden länger: zuerst nach Norden zum Kindergarten, dann noch ein Stück weiter zu Katrins Arbeitsstelle, einer Seniorenpflegeeinrichtung, und dann wieder zurück, an Pauls Schule vorbei, um schließlich an das andere Ende der Stadt zu meinem Brötchengeber, einer Aufzugsfirma, zu gelangen.

Na, das kann ja heiter werden, denke ich und starte das Auto. Mit einigen Mühen reihen wir uns in den Fahrzeugstrom ein. Vor uns sind einige Ampeln zu überwinden. Das heißt, die Ampeln sind allesamt ausgefallen. An jeder Straßenkreuzung bilden sich lange Staus. Damit kommen wir noch mal zu spät. Per Handy will Katrin ihre und meine Arbeitsstelle anrufen. Glücklicherweise hat sie ein Autoladekabel dabei. Damit lässt sich ihr Akku laden. Wer weiß, wie lange der Zustand noch anhält. Doch die Kanäle sind belegt, es ist heute wie verhext. Während wir weiterfahren, schalte ich das Radio ein. Die Ruhe ist erdrückend. Wenigstens die Nachrichten könnten wir hören. Das Radio funktioniert noch, welch ein Glück. Doch irgendwie bekomme ich keinen vernünftigen Sender rein. Die automatische Suchfunktion springt über die Frequenzbänder. Auf den Kanälen ist nur Rauschen zu hören. Entweder ist meine Antenne defekt oder die haben alle keine Lust zum Senden. Dann eben nicht. Es ist auch mal schön, Kinderlieder von der CD zu hören. Katrin singt gleich mit, auch Lene stimmt mit ein und Paul summt. Nur ich brumme still in mich hinein. Nach einer gefühlten unheimlich langen Zeit von einer halben Stunde und einer Ausweichroute über Nebenstraßen erreichen wir endlich Lenes Kindergarten. „Bei diesem Schneckentempo hätten wir auch laufen können." bemerkt meine Frau und hat damit sicherlich Recht. Als wir das Auto verlassen, kommen uns einige Mütter entgegen, an ihrer Hand jeweils ein oder zwei Kinder.

„Was ist los, warum lauft ihr zurück?" Katrin blickt fragend eine entgegenkommende Frau an. Ich schaue derweilen auf einen kleinen weißen Zettel an der Eingangstür. Handschriftlich war zu lesen, dass die Kindertagesstätte heute wegen Heizungsausfall geschlossen bleibt. „Na super, kein Strom, keine Heizung und gleich machen die ihren Laden dicht!" schreie ich etwas unbeherrscht. „Und was machen wir jetzt mit unseren Kindern?". „Deine Aufregung bringt gar nichts!" versucht mich meine Frau zu beruhigen. Sie hat ja Recht, auch die Erzieher haben eine Obhutspflicht gegenüber den Kleinen. Und wenn in der Einrichtung alles dunkel und kalt bleibt, ist die nicht mehr gesichert. „Man hätte zumindest eine Notbetreuung einrichten können!" ruft eine verärgerte Mutter. „Wie denn, einige Erzieherinnen sind noch gar nicht da, stecken wahrscheinlich irgendwo fest." „Und das Telefon geht auch nicht, man weiß nicht einmal, wohin man sich wenden soll" beschwerte sich eine andere Mutter. „Weiß eigentlich irgendjemand, was überhaupt passiert ist?" erkundigt sich eine weitere Stimme. Das hätte ich auch gern gewusst. Aber wir schauen nur in ratlose Gesichter. Mein Gefühl sagt mir, dass wir unseren Sohn heute nicht in die Schule schicken brauchen, denn da wird es nicht anders aussehen. Aber kann ich das so einfach entscheiden? Schließlich gibt es eine Schulpflicht und als Eltern haben auch wir eine Sorgfaltspflicht.

Also steigen wir wieder in unser Auto. Der CD-Player rotiert weiterhin und beschallt uns mit lustigen Kinderliedern. Inzwischen haben wir unseren Plan geändert: Erst Paul in die Schule bringen, dann Katrin zur Arbeit. Ihre Kollegin, bei der sie immer zusteigt, dürfte schon längst weg sein. Doch auch in Pauls Schule ist es nicht anders als in Katrins Kindergarten. Überhaupt sieht heute nichts aus wie sonst. Die Menschen sind voller Aufregung. Ein Polizeiauto mit Lautsprechern bittet um Geduld. Die Stromversorgung soll in absehbarer Zeit wieder hergestellt sein, heißt es. Man möge Ruhe bewahren. Zwischendurch düsen mehrere Einsatzfahrzeuge der Feuerwehr an uns vorüber. Überall staut sich der Verkehr. Sirenengeheul ist zu hören und der flackernde Schein eines Blaulichtes streift uns. Statt der lustigen Kindermusik zu lauschen, streiten wir uns im Auto. Wer von uns bleibt heute zu Hause? Einer muss schließlich die Kinder betreuen.

Ich sollte unbedingt meine Werkstatt erreichen. Als Mechaniker einer Aufzugsfirma bin ich für die Sicherheit vieler Wohnblocks verantwortlich. Vermutlich stecken noch Leute in Aufzügen fest. Zum Schichtbeginn muss ich den Notdienst ablösen. Die Menschen müssen befreit werden. Aber auch in den Lagerhallen der Großhändler sind sämtliche Kühlaggregate und Lüftungssysteme ausgefallen. Dazu müssen Notstromaggregate hingefahren werden, provisorische Leitungen sind zu ziehen. Dazu wird jeder Techniker gebraucht. Die Lagerarbeiter sind für so was nicht ausgebildet. Deshalb muss ich dringend...

Katrin schneidet mir das Wort ab. „Was glaubst Du, was jetzt in unserem Seniorenheim los ist. Die alten Menschen benötigen unbedingt warme Sachen. Die Bettlägerigen müssen rund um die Uhr betreut werden, Medikamente gereicht, die Mahlzeiten vorbereitet werden. Pro Station gibt es nur eine Schwester, bei dem knappen Personalbestand wird jede Hand gebraucht." Während wir unseren Unmut weiter austauschen, steuere ich die nächste Tankstelle an. Meine Reserveanzeige leuchtet schon seit gestern. In der Regel komme ich damit immer noch knapp 50 km weit. Aber mit dem Umweg und den vielen Staus heute Morgen habe ich nicht gerechnet. Schon von weiten sehen wir die lange Autoschlange. „Nicht das noch!" ruft Katrin „Wieso müssen ausgerechnet heute alle Leute tanken?" „Vergiss es!" schreie ich zurück. „Schau nur, da tankt keiner." Und tatsächlich hängen die Zapfpistolen alle ordentlich an den Säulen. Auch hier ist der Strom ausgefallen. Die Pumpen können den Treibstoff nicht aus den unterirdischen Tanks fördern. Ohne Strom läuft eben nichts mehr. Als ob ich das jetzt noch gebrauchen könnte, raunzt mich Katrin an: „Warum musst du auch mit einem leeren Tank herumfahren? Hättest ja schon mal eher tanken können!" „Wieso ich, es ist auch dein Auto, du kannst genauso tanken wie ich." versuche ich mich zu verteidigen.

Zu allem Überfluss mischen sich jetzt unsere Kinder ein. Lene weint und Paul schreit dazwischen „Ich habe nicht mal ein richtiges Frühstück bekommen. Ich habe Hunger!" Die Stimmung ist dahin, ich habe keine Lust mehr. Wutentbrannt ziehe ich den Zündschlüssel ab und drücke ihn ihr in die Hand. „Dann fahr du weiter, weißt ja sowieso alles besser!" Ich steige aus, will nicht mehr. Die schreienden Kinder, meine gestikulierende Frau, die Autoschlange vor uns, das ist eindeutig zu viel für mein Nervenkostüm. Wutentbrannt schlage ich die Autotür hinter mir zu und laufe Richtung Tankstelle. Nach wenigen Schritten höre ich, wie die Beifahrertür ebenfalls zuknallt. Als ich mich erschrocken umdrehe, fliegen mir die Autoschlüssel entgegen. Entsetzt sehe ich, wie Katrin zu Fuß wegläuft, in Richtung Pflegeheim.

Eigentlich wollte ich mit dem Rauchen aufhören. Der Gedanke beschäftigt mich schon längere Zeit. Doch nun vergesse ich meine guten Vorsätze. Im Handschuhfach finde ich noch eine Not-Zigarette. Die fingere ich heraus und setze mich auf die noch warme Motorhaube. Auch die Kinder steigen aus. Sie blinzeln in die Sonne und kratzen den Schnee vom Fußweg zusammen, bis sie einen Schneeball formen können. Allmählich beruhige ich mich etwas und überlege, was jetzt vernünftig sein könnte. Auch die anderen Autofahrer sitzen hinterm Steuer oder stehen in kleinen Grüppchen zusammen. Wahrscheinlich hat jeder so seine eigenen Probleme zu bewältigen. Am schlimmsten ist die Ungewissheit, wann es wieder Strom geben wird. Ich spreche einen vorbeilaufenden Mann mit Hund an, ob er Näheres weiß. Er verneint und meint, es gäbe so verschiedene Vermutungen.

Vielleicht sind es nur technische Probleme. Nein, nein, ruft ein anderer, der sich zu uns gesellt. Das musste ja eines Tages so kommen. Seitdem die Grünen überall ihre Windräder aufbauen und die Atomkraftwerke der Reihe nach abgeschaltet werden, wird das jetzt unsere neue Zukunft sein. Quatsch, winke ich ab, damit hat das nichts zu tun. „Ach, du bist wohl auch so ein Grüner, dem wir das zu verdanken haben?" Seine Stimme wird jetzt ernster, ich versuche mich zu verteidigen.

„Nein, nein, wir sind selber schuld daran, weil wir einfach zu viel Energie verbrauchen. Vielleicht sollten wir vernünftiger damit umgehen". „Na soweit kommt es noch, dass ich zu Hause mit Kerzenlicht sitze. Als ob wir die Großverbraucher sind. Schau Dir doch die Reichen an, in welchem Luxus die schwelgen." Mir schwillt langsam der Kamm. Ein Blick auf seine 240 PS-Karosse, die da vor mir parkt, verrät mir, dass es ihm nicht so schlecht gehen kann. „Dein SUV schluckt ja auch ganz schön" entgegne ich. Doch ich ernte damit nur höhnisches Gelächter. „Tja mein Lieber, man lebt nur einmal, und wer es sich leisten kann..." Plötzlich schauen mich zwei grimmige Augenpaare an.

OK, ich gab auf. Bevor dieser Typ ausrastet, ziehe ich mich lieber zurück. Ich sammle meine beiden Kinder ein und starte den Motor, wende auf der Straße und fahre zurück, in Richtung unserer Wohnung. Mal sehen, wie weit der Sprit noch reicht. Vielleicht schaffe ich es noch zurück. Sicher ist in ein paar Stunden der Strom wieder da, und dann laufe ich mit einem Benzinkanister zur Tankstelle. Dabei kommt mir unwillkürlich die Fernsehwerbung in den Sinn, bei dem ein Mann mit einem blauen Kanister auf der Straße läuft und dabei das Lied: „I'm walking, da, da, da – I'm walking, da, da, da..." tönt. Mir liegt das Lied gerade auf den Lippen, als der Motor anfängt zu stottern. Das war's, denke ich, und meine Lene fragt auch gleich, ob jetzt der Motor kaputt ist. Während ich mit dem letzten Schwung unsere Limousine an den Straßenrand manövriere, erklärt Paul die Ursache. „Auch der Motor hat Durst und wenn der Tank leer ist, läuft auch er nicht mehr".

„Dann gib ihm doch etwas zu trinken!" ruft Lene. „Geht nicht, die Tankstelle hat zu." erklärt Paul geduldig. Wir steigen aus. Paul schultert seinen Schulranzen, ich meine Arbeitstasche. Nur Lene bleibt sitzen. „Was ist mit Dir, willst Du nicht mit?"

„Doch", entgegnet sie, „nur habe ich auch Durst, und ohne etwas zu trinken kann ich nicht laufen!" Das wird langsam zu einem Problem, denke ich. Wir haben zu Hause noch eine Flasche Selters stehen. Das muss erst mal reichen. „Lene", sage ich, „unsere Tankstelle ist nicht mehr weit. Wir laufen mit unserer Reserve nach Hause und dort tanken wir erst mal richtig auf". Das hilft und so machen wir uns zu Fuß auf dem Weg. Lene ist immer noch der Meinung, dass wir heute Urlaub haben und ich finde mich auch langsam damit ab.

Die folgenden Tage: Gesellschaftliche Wirkungen

Die Veränderungen, die im Familienkreis noch recht harmlos erscheinen, können gesellschaftlich schon nach wenigen Stunden bedrohliche und folgenschwere Folgen haben. Was passiert wirklich, wenn der Strom für längere Zeit ausfällt, nicht nur für einen Tag, vielleicht für eine Woche oder gar für einen Monat? Sind wir solchen Situationen gewachsen? Nicht nur die Bewältigung der technischen Schwierigkeiten und die Organisation der Versorgung werden uns einiges abverlangen, auch mental und sozial werden wir gefordert sein. Was passiert mit uns? Wie werden wir auf die Konsequenzen reagieren? Wie lange halten wir das durch?

Am heftigsten werden die Auswirkungen eines weiträumigen Stromausfalles in den Zentren und Ballungsgebieten zu spüren sein. In den Städten, dort, wo viele Menschen zusammenleben, wird es schon nach wenigen Stunden prekär. Auf der Suche nach einem praktikablen Weg aus der plötzlichen Finsternis strömen die Menschen aus ihren Häusern und Büros auf die Straße, sofern der Strom frühmorgens oder abends ausfällt. Jeder versucht, sich zu informieren. Tausende von Computern sind mangels Strom abgestürzt, Radio- und Fernsehgeräte sind abrupt verstummt. Das Telefon funktioniert nicht mehr, denn auch den Telefonanlagen fehlt es an Strom. Die Mobiltelefone funktionieren zwar noch, doch die Funkkanäle sind innerhalb kürzester Zeit völlig überlastet. Wenn sich hunderttausend Menschen fast zeitgleich ins Funknetz einwählen und ebenso viele Textnachrichten verschickt werden, wird jeder Netzanbieter überfordert sein. Doch schon nach wenigen Stunden könnte auch an den Sendemasten und Umsetzern die Notstromreserve ausgehen. Auch große Datencenter werden, sofern sie nicht mit Notstromanlagen ausgestattet sind, ausfallen, so dass unzählige Webseiten fortan nicht mehr erreichbar sind. Wer seine Daten in der Cloud oder auf virtuellen Festplatten im Internet gesichert hat, wird keinen Zugriff mehr haben (auch wenn er selbst noch Strom hat).

Schlimm trifft es die Menschen, die in den Personenaufzügen irgendwo zwischen den Stockwerken hängen und auf Hilfe hoffen. Ähnliches wird sich unter der Erde abspielen, wenn es in den U-Bahnstationen dunkel wird. Die Notbeleuchtungen reichen zwei bis drei Stunden, ausreichend lange, um die Bahnhöfe zu verlassen. Aber welche Szenen spielen sich in den U- und S-Bahnen selbst ab? Keiner weiß, wann der Strom wiederkommt. Man kann doch nicht einfach aus einem steckengebliebenen Zug aussteigen und zwischen den Gleisen herumlaufen, um ins Freie zu gelangen. Auch das Zugpersonal wird so schnell keine Auskunft geben können. Nervös und ungeduldig werden bald die ersten Reisenden anfangen zu schimpfen. Unverständnis, Erregung und Ärger über verpasste Termine und die eigene Hilflosigkeit heizen das Klima an. Kinder weinen, Angst breitet sich aus.

Ungeduld auch abends in Restaurants, in Kinosälen, Theatern, Diskotheken. Für die Musiker und Künstler auf den Bühnen wird es beunruhigend. Die Scheinwerfer sind aus, die Medienplayer haben keine Funktion mehr. Nicht einmal über Mikrofon lässt sich eine Durchsage organisieren. Während Techniker fieberhaft nach Lösungen suchen, herrscht bei den Veranstaltern die pure Ratlosigkeit. Soll die Veranstaltung abgebrochen werden, das Publikum nach Hause gehen? Was aber, wenn der Strom nach wenigen Minuten wieder da ist? Wie lange wird der Stromausfall andauern? Mit der Anzahl der immer ungeduldiger werdenden Menschen wächst die Gefahr einer Panik. Richtig gefährlich kann das bei Großveranstaltungen werden.

Auf den Straßen sieht es nicht viel besser aus. Auch dort herrschen bald wirre Zustände. Die großen Einkaufsstraßen haben ihr kunterbuntes Leben verloren. Die Schaufenster sind dunkel, die Reklametafeln grau und auch die Straßenlaternen sind erloschen. Unzählige Ampeln sind ausgefallen. In den Hauptverkehrsadern bilden sich Staus. Aus Autoradios und batteriebetriebenen Empfängern sind – wenn überhaupt – nur dürftige Informationen zu bekommen. Mehr, als dass der Strom überall ausgefallen ist, wird man zunächst nicht erfahren. Daran können auch die Lautsprecherdurchsagen herumfahrender Polizeiwagen nichts ändern. Es fehlt an konkreten Informationen. Immer mehr Sirenen schallen von Rettungsfahrzeugen durch die Dunkelheit. Vermehrt melden sich die schrillen Signale von ausgefallenen Alarmanlagen. Diese halten über Stunden an, bis auch die letzten Akkus ihre Ladung verloren haben.

2: Flucht aus der Großstadt

In den Banken spucken die Geldautomaten kein Geld mehr aus. Lange Schlangen auch in den Supermärkten. Panikkäufer wollen sich noch schnell mit Batterien, Kerzen und Zündwaren eindecken. Es wird nicht lange dauern, dann sind die Lebensmittelbestände und Getränkevorräte ausverkauft. In den Kühl- und Tiefkühlregalen taut die verbliebene Ware langsam auf. Die elektronischen Kassen und Waagen funktionieren nicht mehr. Die Preise müssen alle einzeln durch die KassiererInnen von der Verpackung abgelesen und per Hand oder Taschenrechner zusammengezählt werden, was für Unmut bei den wartenden Kunden sorgen wird. Bald wird es auch da drunter und drüber gehen. Im schlimmsten Fall wird das Personal überrannt, irgendwann kommt es zu Diebstahl und Plünderungen.

Wer mit dem Auto nach Hause will, bleibt im dichten Straßenverkehr stecken. Weil weder S-Bahn, U-Bahn noch Straßenbahnen fahren, werden die Menschen sich auf die Busse konzentrieren. Und fast jeder, der dem drohenden Kollaps entkommen will, wird mit dem Auto flüchten wollen. Innerhalb kurzer Zeit kommt die mobile Gesellschaft zum völligen Erliegen. Wer noch einen vollen Tank hat, kann sich glücklich schätzen. Denn auch an den Tankstellen fließt kein einziger Tropfen Treibstoff mehr durch die Zapfpistolen. Jede Maschine, jeder Motor, jede Pumpe wird über kurz oder lang stehen bleiben. Wenn die Umwälzpumpen und Steuerelemente der Heizungsanlagen nicht mehr laufen, wird es in den Einfamilienhäusern ebenso wie in den Hochhäusern und Wohnblocks nicht nur dunkel, sondern auch kalt. Der Wasserdruck in den Trinkwasserleitungen wird allmählich nachlassen und auch hier wird die Versorgung bald enden.

Hochbetrieb herrscht in den Krankenhäusern, bei den Stadtwerken und den Einsatzzentralen der Rettungskräfte. Diese sind wohl auf solche Notfälle vorbereitet, mächtige Dieselmotoren halten die Notstromversorgung am Laufen. Die wichtigsten Funktionen, lebensrettende Maßnahmen und der komplette Informationsfluss per Telefon und Funk werden noch eine Zeit lang aufrechterhalten, allerdings auch hier nur solange, wie der Treibstoff reicht. Schon nach acht bis zehn Stunden könnte es eng werden. Kommt dann von außen keine Hilfe bzw. kein Nachschub an Brennstoff, bleiben die Motoren stehen.

Und auf dem Land? Auch wenn dort kein Verkehrschaos ausbricht, haben die Menschen mit Problemen zu kämpfen. Die Landwirtschaft wird sehr schnell darunter leiden. In den Geflügelmastanlagen fällt abrupt die Belüftung aus. Der Ammoniakgehalt steigt in kürzester Zeit unerträglich an. Die Futterschnecken liefern keine Nahrung mehr. Die Hähnchen werden innerhalb kurzer Zeit ersticken oder verhungern. Noch schlimmer wird es den Milchkühen ergehen. Gewohnt, zweimal am Tag gemolken zu werden, werden sie vor den automatischen Melkmaschinen stehen. Doch in den Milchviehanlagen mit 200 bis 300 Kühen kann keine Kuh automatisch gemolken werden. Schnell werden die Tiere unruhig, ihre Euter schmerzen. Sie werden sich schon nach Stunden entzünden. Die Kühe schreien erbärmlich. Wer kann heute noch mit der Hand melken? Selbst wenn alle Landwirte, die das alte Handwerk noch beherrschen, beherzt eingreifen, es sind zu viele Tiere. Wer wagt die erste Notschlachtung, bevor die Tiere qualvoll verenden?

Solche Szenarien lassen sich beliebig fortsetzen. Zu vielfältig und zu umfangreich sind die Folgen, als dass sie hier alle auf wenigen Seiten ausgebreitet werden könnten. Es sind realitätsnahe Szenarien und sicher keine Phantasiegeschichten. Ein länger andauernder Stromausfall in einer ganzen Region kommt einer Katastrophe gleich. Innerhalb kürzester Zeit kommt es zu weiteren Kettenreaktionen. Der Pulsschlag einer Großstadt gerät aus dem Takt und in wenigen Tagen wird unsere moderne Informationsgesellschaft in ein längst vergangenes Zeitalter zurückkatapultiert.

Wer über unsere heutigen Lebensansprüche und –realitäten tiefergehend nachdenkt, wird unweigerlich zu dem Schluss kommen, dass ein Leben ohne Strom heute unmöglich ist. In unserem gewohnten Lebensstil und mit dem als selbstverständlich erachteten Energieverbrauch werden wir nicht beliebig lange weiter wirtschaften können. Mit den ständig wachsenden Ansprüchen und dem Streben nach mehr begeben wir uns auf immer dünneres Eis. Zu empfindlich, zu anfällig, zu teuer ist unser Wirtschaftssystem, das auf eine immense, stets verfügbare Energiezufuhr angewiesen ist.

Die ersten Epochen der Menschheitsgeschichte bewältigten wir mit der Kraft unserer Muskeln und der Intelligenz. Dank unsere Intelligenz waren wir in der Natur im Vorteil und konnten Tiere und Pflanzen als Lebensgrundlage und zur Befriedigung unserer Bedürfnisse nutzen. Im Laufe der Jahrtausende haben wir unser Wissen, unsere Methoden und Techniken immer weiter verbessert und verfeinert, so dass wir zunehmend hochpräzise Apparaturen und gigantische Bauwerke herstellen konnten. Mit der Erfindung der Elektrizität erreichten wir dann entwicklungsgeschichtlich die nächste Stufe: Noch präziser, noch vollkommener wurden unsere Bauwerke und Apparaturen. Heute, im Zeitalter der Informationstechnologie, reichen die materiellen Gegebenheiten allein nicht mehr aus, um unsere Bedürfnisse zu befriedigen. Jeder will mit jedem Informationen austauschen, die weltumspannenden Kommunikationsmöglichkeiten haben das Daseinsgefühl und die Möglichkeiten der Menschen nachhaltig verändert.

Wollen wir in dieser Entwicklung fortschreiten, sollten wir uns unabhängiger von den erschöpflichen Energieressourcen machen. Sonst werden sich Menschen, Regionen und Staaten eines Tages um die letzten Energiequellen streiten, es werden Kriege nicht mehr um Land und Glauben, sondern um Gallonen Öl und Kilowattstunden Strom geführt.

2 Wie unsere Stromversorgung funktioniert

Um besser zu verstehen, wie anfällig und gefährdet unsere Stromversorgung durch äußere und innere Störungen sein kann, hilft es, die Struktur des Stromversorgungsnetzes genauer anzuschauen. Die öffentliche Stromversorgung ist eines der umfangreichsten und komplexesten technischen Schöpfungen des Menschen. So ein Netz ist weder von einzelnen Personen noch von einzelnen Computern beherrschbar. Es ist ein riesiges, über große Teile des Kontinents und sogar weltweit verteiltes Netzwerk, an denen mehrere Millionen Menschen und Computer beteiligt sind. Und es besitzt eine irritierende Besonderheit: Im Netz muss stets gerade genauso viel Strom erzeugt werden, wie zu jedem Zeitpunkt verbraucht wird. Auch wenn tausende von Kilometern zwischen Erzeuger und

3: Das Hochspannungsnetz – Energieadern in der Landschaft.

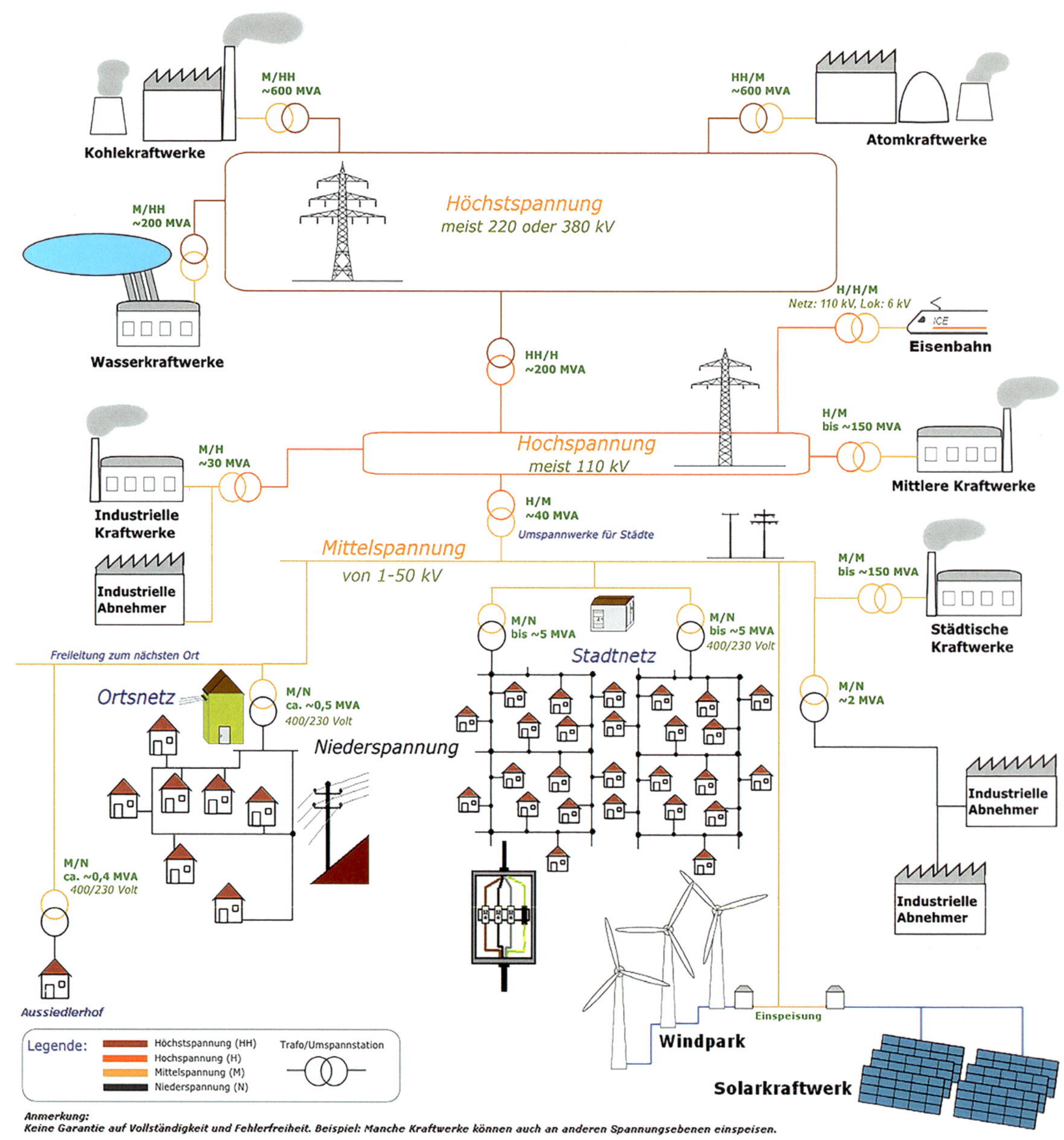

4 Aufbau und Struktur des Stromverteilungsnetzes.
aus: Wikipedia: © Stefan Riepl (Quark48)

Verbraucher liegen, der Strom verteilt sich mit Lichtgeschwindigkeit im Netz. Er kann nicht zwischendurch bevorratet – außer indirekt in Speicherkraftwerken und neuerdings auch in großen Batteriespeichern – oder geparkt werden. Die Energie, die einmal „verstromt“ wurde, muss in dem Moment auch „verbraucht“ werden, egal in welcher Menge. Da das Stromnetz selbst nicht in der Lage ist, etwas abzuspeichern oder anderweitig zu kompensieren, würde die Versorgung bei einem Ungleichgewicht zwischen Erzeugung und Verbrauch sekundenschnell zusammenbrechen, d.h. ausfallen. Dass dies bisher selten passiert, ist dem unermüdlichen Engagement tausender Techniker und Ingenieure zu verdanken, die tagtäglich über das Stromnetz wachen.

In Europa existieren aufgrund räumlicher und technischer Erfordernisse mehrere große, miteinander verkoppelte Verbundsysteme. Diese bestehen im Allgemeinen aus dreiphasigen Höchstspannungs-Wechselstromnetzen, mit Spannungen von 220.000 Volt bis 400.000 Volt und einer Netzfrequenz von 50 Hertz. In anderen Kontinenten, z.B. im angekoppelten Netz Nordamerikas, verwendet man im Allgemeinen eine Netzfrequenz von 60 Hertz. In Russland existiert ein 750.000 Volt Netz, von dem einzelne Leitungen auch nach Polen, Ungarn, Rumänien und Bulgarien führen. In Polen existiert im Landesinneren ein Abschnitt mit 750.000 Volt Leitungen. Daneben betreiben die Eisenbahnen noch ein Netzsystem mit 110.000 Volt und einer Netzfrequenz von 16,7 Hertz.

Die hohen Spannungen sind notwendig, um die Verluste über große Entfernungen und die Leiterquerschnitte gering zu halten. Außerdem lassen sich hohe Spannungen leichter schalten als große Ströme. Diese weitläufigen, miteinander gekoppelten Verbundnetze dienen zur internationalen Grobverteilung der elektrischen Energie über Ländergrenzen hinweg. An ihnen sind viele große Kraftwerke, Ballungsgebiete und große Wirtschaftszentren sowie die untergeordneten Netzebenen angeschlossen. Nur so lassen sich Über- oder Unterkapazitäten ausgleichen. Denn auf größere Lastschwankungen reagieren sogenannte Grundlast-Kraftwerke viel zu träge bzw. nicht schnell genug. Kommt es zum Beispiel zum kompletten Ausfall eines großen Kraftwerkes, kann durch Umleitung von Strom aus anderen Netzen die fehlende Energie schneller kompensiert werden. Dazu muss die Netzfrequenz in einem Verbundsystem überall gleich und synchronisiert sein. Sie darf nur um etwa 0,05 Hertz von der 50 Hz-Norm abweichen, so dass alle Generatoren zur Stromerzeugung genau mit 50 Umdrehungen je Sekunde rotieren.

Stromnetze mit unterschiedlicher Frequenz oder Phasenzahl oder Stromnetze, die nicht miteinander synchronisiert sind, müssen über Hochspannungs-Gleichstrom- Übertragungs-Anlagen oder Motor-Generator-Kombinationen miteinander gekoppelt werden. Alle anderen Systeme sind über Umspannanlagen mit gigantischen Transformatoren miteinander verbunden. Wenn nun in einem Verbundnetz ein großer Kraftwerksblock ausfällt, führt das zu einem beträchtlichen Leistungsdefizit im Netz. Die Generatoren der anderen Kraftwerke müssen diesen Leistungsausfall sofort ausgleichen. In der Praxis heißt das, die Antriebsenergie der Generatoren muss vergrößert werden, sonst drehen sich die Generatoren langsamer, was natürlich in Sekundenschnelle passieren muss. An dieser „Primärregelung“ sind Kraftwerke aus dem gesamten Verbund beteiligt. Damit immer genügend Reserven vorhanden sind, sind sie verpflichtet, ihre Generatoren nur mit maximal 97,5% der möglichen Antriebsleistung zu fahren. Die verbleibenden 2,5% sind die Leistungsreserve eines jeden Kraftwerkes. Das scheint nicht viel zu sein, doch die Menge der Kraftwerke gleicht das aus. Je größer ein Verbund ist, umso größer ist daher auch die Leistungsfähigkeit der Primärregelung. Und der Verbund ist gigantisch groß.

Allein in Deutschland produzieren sechs Kernkraftwerke Strom (mindestens bis zum Jahr 2022) [(2)], sowie derzeit 130 Kohlekraftwerke [(3)], 7118 Wasserkraftwerke[(4)], 29.715 Windkraftanlagen an Land und 1501 Offshore (auf See)[(5)], rund 2 Millionen Photovoltaikanlagen[(6)]. Fällt im westeuropäischen Verbundnetz ein Erzeuger mit etwa 1000 MW Leistung aus, bewirkt das eine Frequenzabsenkung um ungefähr 0,08 Hertz bei allen am Netz befindlichen Generatoren. Folgen weitere Ausfälle (oder schalten sich zeitgleich überdurchschnittlich viele Verbraucher zu) würde die Netzfrequenz weiter sinken. Aus technischen Gründen darf aber die Frequenz nur bis 47,5 Hertz fallen. Die Kraftwerksbetreiber müssen deshalb bei Erreichen dieser Grenze ihre Generatoren vom

5: Höchstspannungs-Umspannwerk

Beispiel einer größeren Störung im UCTE-Verbundnetz

Am 28. September 2003 fiel nahezu im gesamten italienischen Raum bis zu 15 Stunden der Strom aus. Auch Teile von Frankreich, der Schweiz und Österreich waren kurzzeitig betroffen. Insgesamt saßen 57 Millionen Menschen mitten in Europa im Dunkeln. Die Ursache war ein Kurzschluss gegen 3 Uhr auf der 380 kV-Lukmanierleitung zwischen der Schweiz und Italien[7]. In Rom fand gerade die „Weiße Nacht" statt, mit zahlreichen Großveranstaltungen und kostenlosen Eintritten in Museen und Theatern. Da innerhalb von Italien nicht schnell genug entsprechende Lasten vom Netz genommen wurden, scheiterte eine Wiederinbetriebnahme der Leitung und in einer Kettenreaktion wurden alle anderen Verbindungsleitungen zwischen Italien und seinen Nachbarn wegen Überlastung abgeschaltet. Italien, welches von Stromimporten abhängig ist, konnte nach der Abtrennung vom europäischen Verbundnetz das landeseigene Stromnetz nicht mehr aufrechterhalten. Der Wiederaufbau des Netzes dauerte – gestaffelt nach Regionen – zwischen 5 und 18 Stunden.

6: 330 kV-Übertragungsleitung

Netz trennen und im Leerlauf halten oder herunterfahren. Bevor dieser Fall aber eintritt, werden innerhalb weniger Minuten Regelkraftwerke, das sind Pumpspeicherwerke und Gasturbinenkraftwerke, zugeschaltet. Das ist die zweite Reserve, die auch Sekundärregelung genannt wird. Bis hierher funktioniert das alles vollautomatisch. Erst wenn das nicht ausreicht, muss der Mensch eingreifen. Per Hand werden dann Verbraucher vom Netz genommen, zunächst die, bei denen die geringsten Störungen oder Schäden zu erwarten sind. Das können große Kühlanlagen oder Wohngebiete sein, kurzzeitig, bis zu einer Stunde, auch große Industrieöfen, wie zum Beispiel die Aluminiumschmelze Triemet[9], die mit 400 MW etwa 1% des Energiebedarfes in Deutschland verbraucht. Umgekehrt funktioniert das natürlich genauso, wenn plötzlich ein Leistungsüberangebot vorhanden ist. Dann steigt sofort die Frequenz. Bereits ab 50,2 Hz wird es kritisch. Dann gehen die Pumpspeicherwerke auf Pumpbetrieb und die Kraftwerke müssen mächtig viel Dampf in die Atmosphäre ablassen, um die Antriebskräfte herunterzufahren. Mit einem Frequenzmesser (sofern man einen hat) kann man auch als Laie die Netzsicherheit überprüfen:

Bei einem Überangebot von Strom steigt die Frequenz, bei einem Unterangebot sinkt sie. Im täglichen Netzgeschehen sind ±0,01 Hertz normal. Ab 49,8 Hertz werden zusätzliche (Sekundär-) Kraftwerke zugeschaltet, bei weiter sinkender Frequenz werden ab 49 Hertz schrittweise Verbraucher abgeschaltet. Ein drohender Netzzusammenbruch kündigt sich durch eine sinkende Frequenz an.

Abgesehen von den großen Höchstspannungs-Verbundnetzen wird der Strom in der Fläche über drei untergeordnete Spannungsebenen verteilt. Das Hochspannungsnetz (110.000 Volt), das Mittelspannungsnetz (10 bis 30.000 Volt) und das Niederspannungsnetz (230/400 Volt). Letzteres ist das Netz, welches direkt in unseren Häusern und Gebäuden endet. Alle diese Leitungen zusammen haben in Deutschland eine Länge von rund 2,03 (Stand: 2019) Millionen Kilometern. Damit könnte man rund 50mal den Äquator umspannen.

Das Leitungsnetz, so wie es derzeit besteht, ist aber keineswegs fertig, sondern einem stetigen Wandel unterworfen: Um z.B. mehr Strom aus dezentral genutzter Sonnen-, Wasser- oder Windenergie oder aus leistungsstarken Offshore-Windkraftanlagen aufzunehmen und zu verteilen, sind neue überregionale Verteilungsleitungen sowie Speicherkraftwerke im Netz notwendig.

Neue Anforderungen an das Stromnetz

Kleine und große Fotovoltaik-Anlagen, Windgeneratoren sowie die Kraft-Wärme-Kopplung, wie sie inzwischen häufig auch für den Heimgebrauch eingesetzt werden, liefern Strom ganz überwiegend direkt in das Niederspannungsnetz (400 V/230 V). Das hat zwangsläufig direkte Auswirkungen auf die Verteilnetze, denn die Verfügbarkeit kann sich je nach Wetterlage (Sonne und Wind) permanent ändern. Die zunehmend dezentralen und zum Teil unregulierten Einspeisungen auch von Kleinstmengen stellen neue Anforderungen an das bestehende Netzsystem. Im ersten Halbjahr 2021 betrug die Einspeisung von Strom aus erneuerbaren Energiequellen durchschnittlich 48,16% der gesamten Stromerzeugung (122 TWh)[(8)]. Im sonnigen Mai 2021 konnten bereits 58,7% Strom aus regenerierbaren Energiequellen erzeugt werden. Dieser Anteil soll sich nach Angaben des Bundesministeriums für Umwelt, Naturschutz und Reaktorsicherheit bis 2050 auf ca. 80% erhöhen. Die Deutsche Energie-Agentur (dena) hat deshalb in einer Studie den Ausbau- und Investitionsbedarf der Stromverteilnetze in Deutschland untersucht. Als Basis wurden reale Last- und Erzeugerdaten zu Grunde gelegt. Demnach wird es erforderlich sein, bis zum Jahr 2030 rund 218.000 km Stromnetzleitungen um- und auszubauen. Vermutlich wird diese gewaltige Investition auch unser Landschaftsbild in Zukunft verändern. Neue Hochspannungsleitungen mit ihren Stahlgittermasten, Umspannwerken und Verteilerstationen werden die Landstriche weiter zerschneiden. Windkraftanlagen und Solarparks werden überall sichtbar werden. An dieses Landschaftsbild werden wir uns gewöhnen müssen. Das ist der Preis unseres hohen Energiebedarfs.

Netzsicherheit

Zurück zur Ausgangsfrage der Netzsicherheit. Nach Aussagen des Netzbetreibers „50-Hertz“ arbeitet derzeit etwa ein Drittel des deutschen Netzes an der absoluten Belastungsgrenze. Die Netzbetreiber müssen jedes Jahr mehr als tausendmal eingreifen, um die Stabilität der bundesweiten Stromversorgung zu gewährleisten. Im Juni 2019 war die Situation an drei aufeinander folgenden Tagen so angespannt, dass die Netzbetreiber rund 7000 MW aus dem Ausland zukaufen mussten – das entspricht der Leistung von rund sieben Kernkraftwerken.(9) Dennoch behaupten deutsche Energieversorger allen Ernstes, Totalausfälle spätestens nach 12 Stunden behoben zu haben. Internationale Netzwerkverbunde, geschultes Servicepersonal und ausreichende technische Ausrüstungen sollen das ermöglichen. Doch wie sieht es tatsächlich aus? Hat nicht bereits die globale Realität gezeigt, wie schnell eine Naturkatastrophe ein ganzes Land in den Blackout führen kann? Eine unter Experten der Energiebranche geführte Umfrage des Zentrums für Europäische Wirtschaftsforschung Mannheim lässt ebenfalls Zweifel erkennen. Auf die Frage, für wie wahrscheinlich sie eine Häufung von größeren Stromausfällen in der Zukunft halten, gab es eine klare Tendenz: 61% der Befragten halten eine Häufung für wahrscheinlich, 11% davon sogar für sehr wahrscheinlich.

7: Anschluss eines neuen Erdkabels an die 15 kV-Mittelspannungsleitung.

8: Pumpspeicherwerke wie hier in Niederwartha sind eigentlich geniale Energiespeicher. Techniker befürworten solche Anlagen, Ökonomen sagen, sie sind zu teuer.

3 Weshalb der Strom ausfallen kann

Von einem Stromausfall kann man eigentlich erst dann sprechen, wenn eine bestehende Versorgung plötzlich ausfällt, z.B. durch einen technischen Defekt an Kabeln, Kraftwerken oder Schaltanlagen, durch Witterungseinflüsse oder Elementarereignisse wie Überschwemmungen oder Erdbeben oder gar durch terroristische Angriffe. Oft ist einfach auch menschliches Versagen die Ursache. Wer an die dauerhafte Versorgung mit elektrischem Strom gewöhnt oder, wie der Handel und die meisten Produktionsbetriebe, darauf angewiesen ist, den trifft ein plötzlicher Ausfall in der Regel unvorbereitet und meist dann, wenn er es am wenigsten gebrauchen kann.

Aber es geht auch anders: nach wie vor gibt es nicht wenige Orte auf der Erde, an denen Menschen wie vor hundert Jahren ganz ohne Strom leben, arbeiten und produzieren, nicht nur für kurze Zeit, sondern dauerhaft. Und auch in der industrialisierten Welt verzichten manche Menschen bewusst auf die Nutzung von elektrischem Strom, um naturnäher und unabhängiger zu leben – quasi ein freiwilliger Stromausfall. Können die uns ein Vorbild sein, wenn ein Stromausfall eintritt?

Es geht auch ohne Strom

Sie leben wie unsere Vorfahren vor 300 Jahren, die Amish People, sie lehnen die meisten technischen Errungenschaften ab und folgen strengen Verhaltensregeln. Etwa 250.000 dieser Menschen leben in den USA und Kanada(11). Dabei haben sie ihre Wurzeln in Deutschland. Sie wohnen meist auf dem Land, jedoch nicht abgeschieden von den anderen Bewohnern ihres Ortes. An ihren altmodischen Kleidern, den Hosenträgern und den Strohhüten, den Filzhüten und Bärten sind sie leicht zu erkennen. In ihren Häusern gibt es keine Elektrizität, keinen Anschluss ans Gasnetz, keinen Fernseher, kein Telefon, kein Internet. Sie arbeiten auf dem Feld, pflügen mit dem Pferd und bewegen sich statt mit dem Auto per Fuhrwerk oder Roller fort. Die Amishen sind eine christliche Religionsgemeinschaft, keine Sekte. Untereinander sprechen sie eine Mischung aus deutschen und englischen Dialekten, während die Gottesdienste oftmals in einem altertümlichen Hochdeutsch abgehalten werden. Mancherorts sind sie zu einer Touristenattraktion geworden. Auch wenn es ihnen unangenehm ist, dass sie so beschaut werden, sie klagen niemals. Das ist in ihrer Religion verpönt. Das Leben verläuft für sie langsam und entspannt. Sie treiben Sport, sitzen oft zum Singen und Musizieren zusammen. Weil die Feldarbeit anstrengend und die Hauswirtschaft aufwendig ist, bleibt am Abend vor lauter Müdigkeit wenig Zeit, sich über das Fehlen von Internet und Fernsehen Gedanken zu machen. Nach der religiösen Überzeugung der Amishen sieht so ein anständiges und gutes Leben aus. Es soll ihnen den Eintritt ins göttliche Paradies garantieren.

Interessanterweise wird niemand dazu gezwungen, so zu leben und der Religionsgemeinde beizutreten, schon gar nicht, bis ans Lebensende darin zu bleiben. Es überrascht, wenn man erfährt, dass Jugendliche ab 16 Jahren ihre Gemeinschaft verlassen dürfen, um die moderne Welt kennen zu lernen. Sie ziehen in die Städte, rauchen, trinken, lernen Partner kennen. Sie kosten in vollen Zügen alles aus, was ihnen geboten wird. „Rumspringa" nennen sie diese Zeit, in der Vieles erlaubt ist, auch Sex, Drogen, Handy und Führerschein. Wie lange? Auch das dürfen sie selbst wählen, bis sie eben wissen, welches Leben sie führen wollen. Und es überrascht noch mehr, dass nur 5% der Jugendlichen nicht in die Religionsgemeinschaft zurückkehren. Die Amish People sind ein gutes Beispiel dafür, dass es durchaus möglich ist, auch mitten in einer modernen Gesellschaft ohne Elektrizität und Mobilität auszukommen. Vielleicht ist ihre Denkweise viel gescheiter, als wir glauben. Sie überspringen einfach das Ölzeitalter und sind längst schon da, wo wir nach einem großen Crash landen könnten.

Bedeutet Glücklichsein, alles zu bekommen, wonach das Herz begehrt, jede Art von Sucht zu befriedigen, alles möglichst gleich, hier und heute zu konsumieren? Wie viel Luxus benötigt der Mensch und ab wann wird er zur Qual? Fragen wir einen Amishen oder einen Asketen, einen Minimalisten, fragen wir Menschen, die willentlich sich von jedem Luxus entfernt haben, danach, so werden wir feststellen, dass sie die Inhalte und Ziele ihres Lebens in geistigen und kreativen Zielen sehen. Alles was käuflich ist, ist nicht ihr Eigen – wichtig ist das von innen gewachsene Gut, der Zusammenhalt, die Gemeinschaft, das Miteinander, letztendlich ihre Familie.

Die Lehrerin Anne Donath ist zwar keine Amish, lebt aber seit 1993 in einem oberschwäbischen 400-Seelen-Ort ohne Strom. Über ihren Lebenstraum hat sie ein kleines Buch geschrieben(12). Sie baute sich ein Haus aus Holz – einfach, solide, standfest, ohne Elektrizität. Zunächst wurde ihr dafür die Baugenehmigung versagt. Ohne Elektroinstallation ist der Bauantrag unvollständig. Doch weil kein Gesetz es verbietet, ohne Elektroanschluss zu bauen, bekam sie letztendlich die Genehmigung. Heute lebt sie ihren Traum in einem Haus, das in sich ruht wie Anne Donath selbst. Wer bei ihr eintritt, landet in einer anderen Welt. In einer Ecke knistern die Flammen im gusseisernen Ofen, daneben eine Matratze, ein Schaffell zum Sitzen, ein Schemel, der auch seine Rolle als Tisch erfüllt, ein Holzschrank für das Geschirr und was sie sonst noch so braucht. Sie hat sich von allem befreit, was sie nicht verwendet. Und doch ist ihr Leben erfüllt, es gibt nichts, was sie vermisst.

Genauso wie Ute Braun aus dem Hunsrück. Die Heilpraktikerin verlässt jedes Jahr für 6 Monate ihr Zuhause und zieht auf die Alm in eine Holzhütte. Auf 1200 Metern Höhe in den Schweizer Bergen lebt sie ihren Traum. Da hütet sie 35 Rinder, melkt Ziegen, hackt Holz, mistet die Ställe aus. Sie versorgt sich aus der Natur und von dem, was aus der Erde sprießt. Den Tagesrhythmus bestimmen Mond und Sonne. Seit 1988 führt sie dieses minimalistische Leben, ohne fließendes Wasser, ohne moderne Technik und fast ohne Strom. Fast, denn nach vielen Sommern kamen ein solarbetriebener Laptop und eine Leuchte dazu. Damit schrieb sie ihren Traum auf, fern von jeder Zivilisation und vor allem von deren Annehmlichkeiten. Inzwischen sind es drei Bücher geworden(13).

Dass diese Beispiele nicht repräsentativ sind für die Zukunft unserer Welt, versteht sich von selbst. Diese Überlebenskünstler in der modernen Gesellschaft zeigen aber, was ohne Strom möglich ist. Es muss ja nicht gleich ein ganzes Leben lang sein. Weniger ist manchmal mehr.

Geldsorgen – Wenn die Rechnung zu hoch ist

Hartz IV, offene Rechnungen – Schulden über Schulden und irgendwann ist Schluss. Ein Beispiel aus Lübeck: Sabine Kern (Name geändert) ist allein erziehende Mutter. Als sie sich von ihrem Lebensgefährten trennte, war das der folgerichtige Schritt, um einen traurigen Abschnitt ihres Lebens zu beenden. Sie tat es für sich und ihre drei Kinder. Damals ahnte sie noch nicht, welche finanziellen Nöte auf sie zukommen würden. Als der Mann auszog, räumte er auch das gemeinsame Konto ab, nahm sämtliches Bargeld mit. In der Folge tauchten plötzlich Rechnungen auf, die sie längst bezahlt glaubte. Die Miete war mehrere Monate überfällig. Die Bank forderte noch offene Ratenzahlungen für ihr Auto, eine Reparaturrechnung für die Waschmaschine, Milchgeld für die Kinder... Das war alles nicht mehr zu schaffen. Resignation machte sich bei ihr breit, Frust, Wut, Verzweiflung.

Bei aller Hoffnungslosigkeit hielt sie sich an ihren Kindern fest. Mit erstaunlicher Hingabe mühte sie sich um deren Wohlbefinden. Sie zauberte jedes Wochenende etwas Leckeres auf den Mittagstisch. In der Woche gab es dagegen nur belegtes Brot. Das wenige Geld musste für die Schulspeisung reichen, für sie selbst gab sie nichts mehr aus. Als dann noch die Stadtwerke Lübeck eine Nachzahlung von 1200 € forderten, war sie den Tränen nahe. Den Antwortbogen beachtete sie nicht mehr. Vielleicht hätte sie Einspruch erheben oder Ratenzahlungen vereinbaren sollen. Aber das war für sie nicht mehr überschaubar. Als sich Frau Kern Wochen später aufraffte, um mit den Stadtwerken in Kontakt zu treten, war es schon viel zu spät. Der Stromzähler wurde gesperrt. Fünf Tage blieb sie mit ihren Kindern ohne Strom. Glücklicherweise nahm sich ihre beste Freundin Zeit, lieh ihr etwas Geld und begleitete sie zu den Ämtern, um ihre Lage nachhaltig zu verbessern.

In Halberstadt fing es eigentlich ganz harmlos an: Ein Vater, allein erziehend mit seiner Tochter, geriet über Jahre immer mehr in die Schuldenfalle. Doch erst als der Strom abgestellt wurde, fasste er Mut und ging zum Sozialamt. Es gab Gespräche und es gab einen Brief, aber keinen Strom mehr. Im Brief wurde unmissverständlich angedeutet, dass ihm das Fürsorgerecht aberkannt werden könnte, wenn er wesentliche Grundvorrausetzungen für sein Kind nicht erfüllt. Ohne Strom auch keine Heizung. Zwar hieß es später, das So-

INFO *Rund 300.000 Haushalte sind jedes Jahr in Deutschland von einer Stromsperre betroffen. Die Gründe sind vielfältig. Die Strompreise schnellen in die Höhe. Immer mehr Menschen können ihre Energierechnung nicht bezahlen und sitzen plötzlich in einer dunklen Wohnung. Von den Versorgungssperren sind vor allem bedürftige Menschen betroffen, Menschen, die meist schon ganz unten sind und keine Perspektive sehen. Manchen fällt das Schreiben und Lesen schwer, andere finden nicht mehr die Kraft, um nach Lösungen zu suchen.*

zialamt wäre nie so weit gegangen, doch Angst und Sorge um das wenige Glück mit seiner Tochter, bestimmte das weitere Tun des Vaters. „Es geht auch ohne fremde Hilfe, ohne Sozialleistung und ohne Strom“, dachte er. Er schwieg, verdrängte eine Zeit lang, suchte nach eigenen Wegen und änderte seine Lebensweise. In der Wohnung blieb es kalt. Gekauft wurde nur, was sich länger hält. Eingeschweißte Lebensmittel landeten im provisorischen Kühlschrank, einer Badewanne, da kaltes Wasser länger frisch hält. Gekocht wurde auf einem kleinen Campinggaskocher. Die 12jährige Tochter lernte bei Kerzenschein für die Schule. Irgendwann funktionierte auch ein kleiner Fernseher, gespeist von einer Autobatterie, die er regelmäßig bei seiner Oma aufladen konnte. So gingen drei unglaublich lange Jahre ins Land. Erst als die Nachbarn aufmerksam wurden, kam wieder Bewegung in diese Angelegenheit. Ein Kamerateam vom MDR-Fernsehen[1] griff die Geschichte auf, redete mit den Beteiligten, leistete Aufklärungsarbeit. Die Stadtverwaltung schaltete sich ein, vermittelte ein Gespräch mit den Stadtwerken. Der Oberbürgermeister im Aufsichtsrat der Stadtwerke leistete Schützenhilfe, auch wenn er die Schulden nicht einfach erlassen konnte. Rückzahlungen wurden vereinbart und eine neue Wohnung gesucht, denn das alte, unsanierte Fachwerkhaus erwies sich als Energieschleuder, auf lange Sicht viel zu teuer.

Die Geschichte ist kein Einzelfall in Deutschland. Leidtragende sind im besonderen Maß die Kinder, die des besonderen Schutzes bedürfen. Aber auch die überforderten Eltern benötigen in der Regel professionelle Hilfe. Verschärfend kommt hinzu, dass die Kosten für Strom im letzten Jahrzehnt um die 40 Prozent gestiegen sind, die staatlichen Zuwendungen für Strom im Regelsatz der Grundsicherung dagegen nur um 27 Prozent erhöht wurden.

Unglückliche Umstände: Ein Fallschirm legt eine Großstadt lahm

Kitesurfen, auch unter der Bezeichnung Lenkdrachensegeln bekannt, ist ein relativ junger Trendsport, an dem immer mehr junge Menschen Freude finden. Diese Sportart ist eine Kombination aus Surfen mit dem Surfbrett und Segeln mit dem Lenkdrachenschirm. Die Sportler lassen sich dabei mit der Kraft des Windes durch das Wasser ziehen, vollführen wilde Lenkmanöver und gewagte Luftsprünge. Spitzensportler erreichen Geschwindigkeiten bis zu 100 km/h, so auch am 22. Mai 2013, als sich ein tschechischer Tourist am Berzdorfer See (Sachsen) über das windige Wetter freute.

Genau das Richtige für sein Vorhaben. Schnell schlüpfte er in seinen Neoprenanzug und schnallte sich das Gurtzeug um. Noch während er seinen Schirm ausbreitete, erfasste eine heftige Windböe den Stoff und entriss ihn seinen Händen. Der 34jährige Sportler konnte nur noch hinterher sehen, wie der heftige Wind seinen Schirm in die Höhe wirbelte. Der Luftstrom trug den Stoff mehrere Kilometer übers Land, bis sich der Schirm in einer 110-Kilovolt-Überlandleitung verfing.

Zeugen, die zufällig das Geschehen mitverfolgten, konnten für Sekunden miterleben, wie es gewaltig blitzte und funkte und eine enorme Rauchsäule aufstieg. Zunächst glaub-

Was bezahlen Endverbraucher über den Strompreis?

Der Strompreis ist im Laufe der letzten Jahre und Jahrzehnte ständig gestiegen, und zwar weniger, weil die Energieressourcen eventuell knapp würden, sondern weil vielerlei Abgaben, Umlagen und Steuern den Strompreis belasten. Hinzu kommen Spekulationen an den Strombörsen und besondere Vergünstigungen für besondere Wirtschaftsbereiche, die von den Verbrauchern finanziert werden müssen. So wird der Strompreis, der an der Leipziger Börse im Jahresdurchschnitt 2021 mit 7,0 ct/ kWh gehandelt wird und wofür der Endverbraucher am Ende durchschnittlich 31,89 ct/ kWh bezahlt, mit folgenden Zuschlägen belastet (die Angaben der Energieversorgungsunternehmen unterscheiden sich nur durch die beeinflussbaren Kosten):

ca.27% sind beeinflussbar	Erzeugung	• Energiebeschaffung, Service und Vertrieb	25,74%
		• Zähler und Messstellenbetrieb	1,44%
ca. 73% sind nicht beeinflussbar	Netznutzung	• Netzentgelt zur Finanzierung der Stromverteilung	23,36%
	Steuern/ Abgaben	• Konzessionsabgabe an den Kommunen	4,40%
		• KWKG-Umlage zur Förderung der Wärme-Kraft-Kopplung	0,84%
		• EEG-Umlage zur Förderung Erneuerbarer Energien	19,73%
		• §19-StromNEV-Umlage zur Befreiung von Großverbrauchern von der EEG-Umlage	0,95%
		• Offshore-Netzumlage	1,27%
		• Abschaltbare-Lasten-Umlage	0,02%
		• Stromsteuer	6,28%
		• Mehrwertsteuer (19%, betrifft nicht alle Positionen)	15,97%

Dass die Energieerzeugung Geld kostet und jedes Unternehmen auch einen Gewinn erwirtschaften möchte, ist klar. Da die Abgaben staatlich geregelt sind, bleibt als Handelsspanne der Energieversorger nur die Differenz zwischen den Kosten für Erzeugung und Vertrieb und dem Spotpreis an der Leipziger Börse. Die Weiterleitung des Stromes wurde von der Erzeugung getrennt und erfolgt über Netzbetreiberfirmen. Deren Kosten für Aufbau, Betrieb und Instandhaltung der Stromnetze werden dann dem Energiepreis zugeschlagen. Weil für Strommasten, Umschaltstationen usw. Wegerechte und Flächen benötigt werden, ist auch ein Entgelt an Gemeinden, die Konzessionsabgabe, zu bezahlen. Seit 1999 wird die umgangssprachlich als „Ökosteuer" bezeichnete Stromsteuer zur Förderung klimapolitischer Ziele erhoben (tatsächlich fließen ca. 90% in die Rentenkasse). Mit der abLa-Umlage wird noch eine, wenn auch sehr geringe Umlage zur Sicherstellung der Versorgungssicherheit erhoben, das bedeutet, mit diesem Geld werden abschaltbare Versorgungseinrichtungen mitfinanziert. Zur Krönung lastet auf fast allen Preisbestandteilen zusätzlich noch die Umsatzsteuer mit 19%. Betrug der Anteil der Abgaben, Umlagen und Steuern an der Stromrechnung 1998 für einen durchschnittlichen 3-4-Personen-Haushalt mit etwa 3500 kW Jahresstromverbrauch noch 24,5%, lag der Anteil 2021 bei 51,4%[(6)].

te jeder an einen verunglückten Fallschirmspringer, der allerdings nirgends zu sehen war. Der Kurzschluss indes löste eine Kette von Sicherheitsmaßnahmen aus, mit beträchtlichen Folgen: Das nachfolgende Umspannwerk schaltete große Teile der Stadt Görlitz ab. Auch umliegende Ortschaften wie Ebersbach, Zodel, Königshain und Markersdorf mussten auf Strom verzichten. Rund 9000 Stromkunden saßen plötzlich im Dunkeln. Und diese Unterbrechung hätte fast noch weiterreichende Folgen gehabt. Denn an einer anderen Hochspannungstrasse wurde gerade eine planmäßige Baumaßnahme vorbereitet, die Leitung sollte abgeschaltet werden. Nur das umsichtige und entschlossene Handeln der ENSO-Mitarbeiter[10], die kurzentschlossen die Arbeiten abbrachen, verhinderte Schlimmeres. Die Monteure verließen eilig die Masten, damit über diese Leitung die Stromversorgung wieder aufgebaut und das Netz nach einer Stunde schrittweise in Betrieb gehen konnte.

In der Zwischenzeit war das Leben in der 55.000 Einwohner fassenden Stadt Görlitz fast zum Erliegen gekommen. An den nicht funktionierenden Ampeln bildeten sich lange Autoschlangen, Straßenbahnen blieben mitten auf der Strecke stehen. Einige Radiosender verstummten, ebenso war der Telefonverkehr über das Festnetz unterbrochen, an den Kassen und Waagen in Supermärkten und Einkaufszentren ging nichts mehr. Während die VerkäuferInnen sich im Kopfrechnen üben durften, fluchte manch einer über den eingeschränkten, aber immerhin noch möglichen Mobilfunkverkehr. In der Südstadt saß ein Mann in einem Hinterhof fest, weil sich das Automatiktor der Hofeinfahrt ohne Strom nicht mehr öffnen ließ. Ähnlich verdutzt waren viele Autofahrer, als sich die automatischen Schranken in den Parkhäusern nicht mehr öffneten.

Glücklicherweise entstand durch den rund einstündigen Stromausfall kein Personenschaden. Allerdings mussten viele Menschen ihre elektronischen Geräte im Haushalt und manche Heizungssteuerung wieder neu programmieren. Die Polizei fand wenig später den im schwarzen Neoprenanzug nacheilenden Schirmbesitzer, der bei seinem Missgeschick unverletzt blieb.

9: Kite-Surfen ist auch an Binnenseen möglich

Auch der folgende Vorfall liest sich wie reine Phantasie und ist doch so 2014 passiert: Der 256 Meter hohe Schornstein-Riese des stillgelegten Gaskraftwerks Moorburg (bei Hamburg) sollte gesprengt werden. Trotz akribischer Vorbereitungen erhielt der Sprengmeister einen unvollständigen bzw. nicht aktuellen Bauplan, so dass die Sprengstoffmengen für den Schlot fehlerhaft berechnet wurden. Die Sprengung fand an einem Sonnabendvormittag statt. Mehr als zehntausende Schaulustige waren neben etwa 600 geladenen Ehrengästen gekommen, um dem Spektakel zuzusehen. Als die 300 kg Sprengstoffladungen nacheinander zündeten, sah es für einen Moment so aus, als ob der Schornstein wie geplant in sich zusammenfällt. Beim Zusammensacken stieß der Schlot noch einmal gewaltige Staubmassen aus, kippte dann jedoch zur Seite um. Das war so nicht geplant, aber als mögliches Szenario einkalkuliert. Die eigentliche Katastrophe wurde durch ein sich lösendes Lüftungsgitter ausgelöst, welches in das benachbarte Hochspannungs-Schaltwerk flog. Dort zeugten ein riesiger Blitz und ein zweites Feuerwerk von den gewaltigen Energien, die der Kurzschluss freisetzte. Das benachbarte Schaltfeld brannte und Teile der Schaltanlage wurden zerstört.

Der ungünstige Sturz des Schornsteines versperrte der Feuerwehr zunächst den Weg zu dem Brandherd. Daher wurden Feuerlöschboote angefordert. Eines der Feuerlöschboote fuhr jedoch aufgrund der Ebbe auf eine bis dahin nicht bekannte Unterwasser-Spundwand auf und sank. Während die Zuschauer johlten und klatschten, gingen in vielen Teilen Hamburgs für einen kurzen Moment die Lichter aus. Zwei Raffinerien, die Holborn und Shell versorgen, fielen komplett aus, so dass dort anfallendes überschüssiges Gas umgehend abgefackelt werden musste. Riesige Flammen loderten in den Himmel und die dichten Rauchwolken verbreiteten Endzeitstimmung. Durch den Stromausfall kam es in den Raffinerien zu erheblichen Infrastrukturschäden und zu mehrtägigen Produktionsausfällen. In vielen anderen Firmen in der Umgebung stürzten durch den relativ kurzen Stromausfall Computersysteme und Anlagensteuerungen ab. Betroffen waren unter anderem das Containerterminal Altenwerder, die städtische Hochbahn, die Hamburger Stahlwerke und die Deutsche Bahn. Das alles war nicht so geplant, die Schäden gingen in die Millionen.

Hacker, Saboteure und Korruption

In der Nacht vom 10. zum 11.November 2009 saßen plötzlich fünfzig Millionen Brasilianer (50.000.000!) im Dunkeln. Im Südosten und Süden Brasiliens sowie im Nachbarland Paraguay kam es zu einem mehr als vierstündigen totalen Stromausfall. Betroffen waren 800 Städte in den Industrie- und Agrarregionen des Landes, darunter die Millionenmetropolen Rio de Janeiro und São Paulo. Nur weil der Strom in der Nacht ausfiel, hielten sich die Schäden in Grenzen. Was war passiert? Waren es Hacker, ein Blitzschlag oder ein Kurzschluss in einer Umspannstation? Eine eifrige Suche nach Schuldigen begann.

Erst später wurde bekannt, dass ein Sturm mehrere Hochspannungsleitungen am Wasserkraftwerk Itaipu (Leistung 12.600 MW) zerstörte. Gleichzeitig trat ein Kurzschluss in einer anderen Hochspannungsleitung zwischen Paraguay und der 21 Mio. Einwohner fassenden Metropolregion Sao Paulo auf. Dies löste eine Kettenreaktion im Netz aus, worauf das weltgrößte Wasserkraftwerk automatisch vom Netz ging.

Ein ähnliches Szenario mit anderen Ursachen ereignete sich ein Jahr später in Venezuela: In mehreren Bundesstaaten häuften sich die Stromausfälle. Immer wieder fielen im Sommer 2010 für längere Zeiten einige Umspannstationen aus, explodierten aus unerklärlichen Gründen wichtige Schaltstationen. Die Bevölkerung wurde unruhig. Als die Staatsanwaltschaft sich der Sache annahm, entdeckte man, dass in mehreren Trafostationen Erdungsleitungen ausgebaut und entwendet waren. Da in den Einrichtungen noch wesentlich teurere Bauteile und Gegenstände vorhanden waren, konnte man einen gewöhnlichen Raub als Ursache ausschließen. Schließlich trat am 8. September 2010 Präsident Hugo Chávez an die Öffentlichkeit und beklagte eine „Welle der Sabotage“ bei der Stromversorgung. Ziel der Auflehnung sei die Destabilisierung des Landes. Es herrschte Wahlkampfstimmung, denn Parlamentswahlen standen an und man vermutete oppositionelle Kräfte hinter den Anschlägen. Erst am 6. Oktober entdeckte die Nationalgarde mehrere Personen mit einem LkW, auf dem sich rund 45 Tonnen gestohlene Anlagenteile aus Transformatorenstationen befanden. Erst dann kam es zu Verhaftungen und einer Bestrafung der Schrottdiebe.

Terroranschläge

Terroranschläge auf die Stromversorgung werden in der Öffentlichkeit schnell mit Angriffen auf Atomkraftwerke assoziiert. Angst und Schrecken sind da durchaus begründet, nicht zuletzt durch die Folgen einer möglichen unkontrollierten Kernschmelze.

Elektrisch kann der Ausfall eines einzelnen Groß-Kraftwerkes in der Regel schnell durch andere Kraftwerke kompensiert werden. Die weitaus größere Gefahr ergibt sich aus der zunehmenden Vernetzung kritischer Infrastrukturen (KRITIS), d.h. durch die Vernetzung mit dem Internet. Hacker oder Terroristen könnten in SCADA-Systeme (Supervisory Control and Data Acquisition) eindringen und so Einfluss nehmen auf die Steuerung der Elektrizitätsversorgung. Wie groß die Gefährdungslage durch neue Technologien wie die „Smart Grids“ genannten intelligenten Stromnetze tatsächlich ist, lässt sich kaum abschätzen. Marc Elsberg entwarf in seinem Roman „Blackout“ ein gut recherchiertes, nicht wirklich unrealistisches Szenario, bei dem Terroristen per Computer einen weltumspannenden kriegerischen Angriff auf die Stromversorgung der Menschheit starten und die Versorgung weltweit für rund 2 Wochen zum Erliegen bringen – mit grauenhaften Folgen und vielen Todesfällen. Immer wieder ist in Zeitungsberichten zu lesen, wie sehr die zunehmend digitalen Steuerungen unserer Stromversorgung, die Digitalzähler und auch die softwaregesteuerten Geräte daheim (IoT, Internet der Dinge) durch Cyber-Angriffe, also Hacker und Computer-Terroristen gefährdet sind und wie viel ständiges Bemühen notwendig ist, um solche Angriffe abzuwehren.

Sicher wird an der Verbesserung der Software und deren Schutz vor unbefugten Eindringlingen laufend gearbeitet. Doch bis jetzt ist es Hackern und Geheimdiensten immer wieder gelungen, auch in neue Betriebssysteme einzudringen und Schadsoftware zu installieren, nicht zuletzt, weil der Mensch selbst immer eine Schwachstelle für Angriffe bietet.

So ist es mit Hilfe des Computerwurmes Stuxnet gelungen, in das SCADA-System der Firma Siemens einzudringen. Siemens nutzt weltweit die Software Simatic S7 zur Steuerung von Automatisierungsprozessen. Beispielsweise werden damit auch Frequenzumrichter gesteuert, die u.a. dazu dienen, die Drehzahl von Motoren zu steuern. Wie und woher die Schadsoftware kam, ist bis heute nicht restlos geklärt. Fest steht, dass sie zwischen 2005 und 2007 in Umlauf gebracht wurde und irgendwie auch in die Leittechnik der iranischen Urananreicherungsanlage in Natanz, rund 300 km südlich von Teheran, gelangte. Danach verbreitete sich die Schadsoftware rasch auch auf weitere Systeme und Computer. Bis zu 16.000 PCs sollen betroffen gewesen sein, wobei zur Verbreitung nicht einmal das Internet benötigte wurde, die Weitergabe über CD's und USB-Sticks reichte zur Verbreitung aus. Wurden drei PC's in einem Netz infiziert, löschte sich der Wurm selbständig vom Stick, um möglichst nicht erkannt zu werden. Der Clou an der ganzen Sache war der Zugriff auf Steuerungsanlagen. In Natanz wurden Zentrifugen zur Urananreicherung benutzt, deren Geschwindigkeit genau bei 1064 Hertz pro Sekunde liegen muss. Stuxnet veränderte die Steuerung der Frequenzumrichter in unregelmäßigen Abständen zwischen 13 Tagen und drei Monaten, so dass die Steuerfrequenz der Zentrifugen auf bis zu 1410 Hertz anstieg, um kurz danach auf 2 Hertz abzufallen. Parallel dazu manipulierte die Schadsoftware andere Kontrolleinrichtungen so, dass kein Alarm ausgelöst und ein Entdecken der Fehlsteuerung lange Zeit verhindert wurde. In der Folge wurden in Natanz vermutlich mehrere Tausend Zentrifugen ausgebaut oder stillgelegt, da sie ineffizient liefen oder nur Ausschuss produzierten. Die Vermutung liegt nahe, dass diese Malware gezielt für die Destabilisierung der iranischen Atomanreicherung entwickelt wurde. Erst im Jahr 2010 entdeckten russische Computerexperten den Computerwurm. Ein solcher oder ähnlicher Wurm oder Virus könnte sicherlich auch die Pumpen in Gaspipelines und Ölraffinerien oder die Steuerungen in Kraftwerksanlagen und Stromverteilnetzen aus dem Gleichgewicht bringen [(26)].

Naturgewalten, Unwetter, Atomunfälle

Blitzschläge in Hochspannungsleitungen und –masten kommen häufiger vor und sind eigentlich für die Hochspannungsleitungen relativ ungefährlich. Ein Blitz enthält durchschnittlich eine Energie von 250 – 300 kWh, die innerhalb von wenigen Millisekunden freigesetzt wird, was wegen der kurzen Zeit einer Leistung von bis zu 1 Terawatt entspricht. Leider gelingt es nicht, diese Energie am Boden einzufangen. Zwar erzeugt die starke Entladung eine Überspannungswelle, die sich im Leitungsnetz ausbreitet, die automatischen Verteilstationen besitzen jedoch genügend Überspannungsschutzeinrichtungen und -ableitungen, um größere Störungen zu vermeiden.

Im regionalen Leitungsnetz (Niederspannungsnetz) können die kurzen Nadelimpulse für jedes ungeschützte elektronische Gerät schädliche Auswirkungen haben. Wer die Stecker von Fernseher, Computer oder WLAN-Router nicht vor einem nahen Gewitter vom Netz trennt oder einen gut funktionierenden Überspannungsableiter im Haus installiert hat, kann Pech haben. Durch einen nahen Blitzeinschlag in das Niederspannungs-Leitungsnetz können solche Geräte u.U. unwiederbringlich zerstört werden. Große atmosphärische Entladungen können auch schon mal Leitungen zum Schmelzen bringen oder eine Trafostation in Brand setzen. Meist lassen sich weitergehende Schäden durch Umschalten auf Ersatzversorgungsleitungen recht schnell begrenzen.

Betroffen sind manchmal einzelne Stadtteile oder auch ganze Dörfer. Die betroffenen Abnehmer sind meist für wenige Minuten und selten für mehr als 90 Minuten ohne Strom. Ganz anders aber, wenn ein Blitz in ein Waldstück einschlägt und dort einen Flächenbrand auslöst. So geschehen am 13.05.2005 in Südfrankreich. Durch besagtes Waldstück verliefen die Trassen zweier 110 kV-Leitungen. Als sich die Feuerwalze immer mehr ausbreitete und tausende Einsatzkräfte mit schwerer Löschtechnik anrückten, entschloss sich der Netzbetreiber aus Sicherheitsgründen, diese Leitungen vom Netz zu nehmen. Über 1 Millionen Haushalte waren in der Folge bis zu 4 Stunden ohne Strom. Ähnliches wiederholte sich im Sommer 2021 nach den verheerenden Waldbränden in Griechenland. Teilweise bis zu 15 Tage blieben ganze Landstriche ohne Strom.

Schneeunwetter

Doch nicht nur Blitz und Feuer sind gefährlich. Auch Schnee und Eis bergen Gefahrenpotentiale, wie der nächste Vorfall zeigt: Nichts ging mehr in Washington und Umgebung, als an einem Februarwochenende 2010 einer der schlimmsten Winterstürme seit Jahrzehnten über der US-Hauptstadt wütete. Schneemassen verstopften Straßen und Wege. Der Winterdienst schaffte es nicht einmal, die am stärksten befahrenen Straßen freizuschieben. Unzählige Autos blieben stecken, es bildeten sich kilometerlange Staus. Auch an den folgenden Tagen hörte es nicht auf zu schneien. Wer ein allradgetriebenes Fahrzeug besaß, wurde über die Radiostationen zur Hilfe aufgerufen. Bus und Bahn steckten im Schnee fest. Die Post stellte ihren Dienst ein, an einem Flughafen brach das Dach eines Hangars zusammen. Eines der größten Krankenhäuser, das „Washington Hospital Center“, rief den Schnee-Notstand aus. Die Mitarbeiter durften ihren Arbeitsplatz nicht mehr verlassen, da zu wenige Ärzte und Pfleger vor Ort waren. Kurz darauf fiel in der Millionenmetropole der Strom aus. In Teilbereichen dauerte der Stromausfall bis zu 15 Stunden. Das Weiße Haus merkte dagegen nichts, es hat eigene Generatoren.

10: Blitzschlag in einen Hochspannungsmast

Glücklicherweise blieb das große Chaos aus, weil die meisten Menschen an diesem Wochenende nicht zur Arbeit mussten. Zudem warnte der Wetterbericht zwei Tage vorher vor diesem „Monstersturm". Als das Unwetter sichtbar nahte, stürmten unzählige Bewohner bereits am Freitagnachmittag die Supermärkte, um sich mit Lebensmitteln, Kerzen und Batterien sowie mit Schneeschiebern und Schaufeln einzudecken. In den Geschäften waren die Regale danach so gut wie leergefegt. Dass der Strom ausfiel, war das Ergebnis eines Zusammenspieles mehrerer Schadensauslöser. Der extreme Schneefall über einen längeren Zeitraum, Temperaturen um den Gefrierpunkt, sehr nasser Schnee mit hohem Gewicht und die ungünstige Windrichtung ließen an vielen Stellen Hauptstromleitungen reißen und Hochspannungsmasten brechen. Bis die beschädigte Infrastruktur bei dem extremen Wetter repariert und die letzten Masten ersetzt waren, dauerte es Wochen.

Überschwemmung

Ich selbst habe die Elbeflut 2002 miterlebt. Eingeschlossen in einem großen, öffentlichen Gebäude evakuierten wir das gesamte Mobiliar aus dem Untergeschoss in die oberen Etagen. Das geschah über mehrere Tage, denn die Flutwelle erreichte uns sehr langsam. Dennoch wurde kurz nach dem Ausrufen des Notstandes aus Sicherheitsgründen die Stromversorgung für die im Überflutungsgebiet stehenden Gebäuden eingestellt. Das machte auch Sinn, denn keiner konnte zu dem Zeitpunkt einschätzen, wie schnell der Elbepegel steigen würde. Welche Keller werden zuerst volllaufen? Wo befinden sich Hausanschlusskästen und Stromverteiler? Damals sprachen wir noch von einer Jahrhundertflut, einem einmaligen Ereignis. Keiner war darauf vorbereitet. Weder staatliche Einsatzkräfte noch Landesverwaltungen waren gefasst. Auch wir nicht, wir saßen völlig unvorbereitet in der Klemme, ohne Strom, ohne Licht, und ohne Personenaufzug, über den wir das Inventar hätten nach oben befördern können. Die Möbelstücke mussten per Hand über das Treppenhaus transportiert werden. Aus den Wirtschaftsräumen wurde im Dunklen herausgenommen, was sich ertasten ließ. Die Rettungswegebeleuchtung funktionierte zwar für die vorgeschriebenen 20 Minuten, aber einige Zeit später waren die Akkus entladen und die Lichter erloschen.

Nur die automatische Alarmanlage aus der benachbarten Bank nervte die Umgebung mit ihrem Piepston noch längere Zeit. Das Unterbrechen der Stromversorgung war richtig. Erreicht das Wasser stromführende Teile, können lebensgefährliche Kriechströme auftreten. Unter Wasser stehende Hausanschlusskästen würden das Wasser im Umfeld zum Kochen bringen, mit zerstörerischer Wirkung durch Dampf und Kurzschlüsse. Bei Mittelspannungsleitungen ist die Situation noch gefährlicher, da die Transformatoren bei Wassereintritt explodieren können, was ggf. zu einer zusätzlichen Gefährdung der Menschen und zu hohen Sachschäden führt. Da über die Trafostationen und Umspannwerke mehrere Straßenzüge und Wohngebiete versorgt werden, waren so auch Menschen von der Stromabschaltung betroffen, die nicht im unmittelbaren Hochwassergebiet wohnten. Manche blieben in diesem Fall über mehrere Wochen ohne Stromversorgung.

Atomunfälle

Die schlimmste Katastrophe jedoch ereignete sich am 11. März 2011. Ein Seebeben vor der Küste der japanischen Region Tōhoku mit nachfolgendem Tsunami löste eine Nuklearkatastrophe bisher nicht gekannten Ausmaßes aus. Sechs Reaktorblöcke des Atomkraftwerkes Fukushima wurden von den bis zu 38 Meter hohen Flutwellen gleichzeitig erfasst. In zwei Blöcken fiel durch den gleichzeitigen Ausfall der Strom- und Notstromversorgung auch die Kühlung der Reaktoren aus, was zu einer unkontrollierten Kernschmelze und Freisetzung erheblicher Mengen an radioaktiven Substanzen in die Umwelt führte. Nicht nur die Kernreaktoren wurden zerstört, sondern durch die radioaktiven Wolken auch ein ganzer Landstrich verseucht. Luft, Böden, Wasser und Nahrungsmittel wurden durch den unkontrollierten Austritt und die Verbreitung radioaktiver Stoffe kontaminiert. War die Endlagerung von Atommüll schon bisher ein ungelöstes Problem (Uranbrennstäbe verlieren erst in 407 Millionen Jahren die Hälfte ihrer gefährlichen Strahlung, so lange bleiben weder Fässer noch Container dicht!), so kommt jetzt noch ein verseuchter Landstrich hinzu. Ein ganzer Staat stürzte zeitweise in den Energie- und Umweltnotstand. Weite Gebiete im Umkreis der Reaktoren mussten evakuiert werden und bleiben es z.T. auf unbestimmte Zeit. Hatte man bisher geglaubt, dass in einem Hochtechnologieland wie Japan genügend kluge Köpfe sitzen, die ausreichende Sicherheitsvorkehrungen in den Atomkraftwerken einbauen, so wurde man eines Besseren belehrt.

Leider gibt es immer noch Menschen, die glauben, dass man solche Gefahren in den Griff bekommt. Auf deutschem Boden existierten einmal 110 Kernreaktoren zur Forschung und Energiegewinnung. Mit dem Atomkonsens vom 14. Juni 2000 wurde die zeitliche Nutzung begrenzt, danach sollten 19 kommerziell genutzte Kernkraftwerke bis 2021 vom Netz gehen. Nur die schwarz-gelbe Mehrheit im Bundestag sah das anders und beschloss am 28. Oktober 2010 eine Laufzeitverlängerung, die dann vom damaligen Bundespräsident Christian Wulff am 8. Dezember 2010 unterschrieben und als Gesetz verabschiedet wurde. Erst nach der Naturkatastrophe von Fukushima teilte die Bundeskanzlerin Angela Merkel (Physikerin und Doktor der Naturwissenschaften) am 15. März 2011 mit, dass die sieben ältesten deutschen Kernkraftwerke sofort abgeschaltet werden sollen. Obwohl dieses Machtwort vermutlich nicht ganz rechtskonform war, weil die Regierung nicht ohne weiteres ein vom Parlament erlassenes Gesetz außer Kraft setzen darf, hat diese Entscheidung unser Land sicherer gemacht und geholfen, radioaktiven Abfall zu vermeiden. Bei Drucklegung dieses Buches existieren in Deutschland noch sechs aktive Kernkraftwerke. Am 31.12.2021 erlöschen gemäß Atomgesetz (AtG) die Berechtigungen zum Leistungsbetrieb an drei Anlagen, bis

INFO *Nicht Macht und Geld sind für unsere Zukunft entscheidend, sondern ob und wie der Mensch in der Lage ist, sich den Naturgewalten anzupassen.*

Ende 2022 die restlichen. Das bedeutet: In Deutschland werden ab 2023 keine Atomkraftwerke mehr betrieben.

Hoffen wir, dass sich auch in anderen Ländern der gesunde Menschenverstand durchsetzen wird. Italien sagte mittlerweile den geplanten Wiedereinstieg in das Atomgeschäft ab, die Niederlande erließen ein Neubau-Moratorium, die Schweiz, Spanien und Belgien begrenzten die Restlaufzeiten ihrer Reaktoren. Österreich betreibt keinen Reaktor. Der einzige schlüsselfertige Reaktor in Zwentendorf wurde nach einem Volksentscheid nicht in Betrieb genommen. Japan hat nach dem Gau von 2011 zunächst alle 17 AKWs mit 43 Reaktoren vom Netz genommen. Davon wurden bisher (2021) – unter Protest der Bevölkerung – sechs KKWs mit insgesamt 10 Blöcken wieder in Betrieb genommen. Bleibt zu hoffen, dass auch unsere Nachbarländer Polen und Tschechien zur Einsicht kommen und von dem geplanten Neubau mehrerer Atomkraftwerke absehen (Polen kommt bisher ohne Atomreaktor aus, plant aber den Neubau von sechs Kernkraftwerken bis 2040, Tschechien plant vier zusätzliche AKW-Blöcke zu den bereits bestehenden sechs Blöcken).

Im Falle eines Unfalls in einem Atomkraftwerk mit Freisetzung von Radioaktivität fragen sich die Menschen zu Recht, wie sie sich am besten verhalten sollen: Verharren und ggf. auf Evakuierung warten oder so schnell wie möglich flüchten? Der spontane Entschluss, das Gebiet schnellstens vorübergehend oder dauerhaft zu verlassen, liegt nahe. Fragt sich nur, in welche Richtung flüchten, und ob es für eine Flucht nicht längst zu spät ist. Ja, es gibt für solche Fälle Katastrophenpläne (zur schrittweisen Evakuierung stark betroffener Regionen mit sehr hoher Strahlenbelastung), die werden zumeist aber in den wesentlichen Teilen als geheime Verschlusssache in irgendwelchen Behörden verwahrt. Allein die Überlegung, wie im Ernstfall z.B. 100.000 Menschen und mehr aus einem 20 km Umkreis um ein AKW kurzfristig evakuiert werden sollen, zeigt schon, dass die Behörden und Ordnungskräfte dann wohl ein Chaos verwalten müssen. Vielleicht sind solche Katastrophenpläne ja auch deshalb geheim...

Wer nicht fliehen kann oder evakuiert wird, tut u.U. gut daran, einen strahlungsgeschützten Raum, d.h. am besten einen Atombunker, aufzusuchen, bei dem die Atemluft gefiltert wird und der mit ausreichenden Vorräten an Wasser, Nahrung und Brennstoff ausgestattet ist – wenn man denn einen solchen Ort kennt und dort Aufnahme findet. Hier ist die Vorsorge in der Schweiz von Staats wegen vorbildlich geregelt: Wer in der Schweiz ein Haus bauen will und sich nicht in einem der örtlichen Gemeinschaftsbunker einkaufen kann, muss den Einbau eines eigenen atomaren Schutzraumes nachweisen.

INFO *Von den 194 Ländern dieser Erde erzeugen nur 30 Länder Atomenergie. Doch diese hinterlassen rund um den Globus für Millionen von Jahren ihren Atommüll, dessen Radioaktivität sich extrem langsam verringert, aber nie verschwindet – eine Last für die Ewigkeit!*

Kosmische Einflüsse: Sonnensturm trifft auf die Erde

In der Nacht vom 12. zum 13. März 1989 raste ein gewaltiger Teilchenstrom auf unsere Erde zu. Die elektrisch geladenen Partikel stammten aus einer Region unserer Sonne mit großen Sonnenflecken. In gewaltigen Eruptionen wurden Teilchenströme ins All geschleudert, die in diesem Fall auch die Erde erreichten und im magnetischen Feld der Erde entlang der Magnetfeldlinien zu den Polkappen hin abgelenkt wurden, wo sie beim Eintauchen in die hohen Schichten der Atmosphäre mit Luftmolekülen zusammenstießen. Für die Erdbewohner war dies ein phantastisches Naturschauspiel: von Skandinavien über Island bis Kanada erstrahlten prachtvolle Polarlichter, von einem kräftigen Rot über zartes Grün bis hin zu tiefblauen Farben. Was dem menschlichen Auge verborgen blieb, waren außergewöhnlich starke, elektromagnetische Felder in der Ionosphäre, die für erhebliche Störungen im Funkverkehr der Luftfahrt und zu den Satelliten führte. Noch schlimmer traf es das Stromnetz in großen Teilen Kanadas. Durch Induktion auf die ausgedehnten Überlandleitungen kam es zunächst zu erheblichen Spannungsschwankungen. Da sich die Hochspannungsleitungen in Folge immer mehr aufluden, brach letztendlich die Stromversorgung in der Hauptstadt Quebec großflächig zusammen. Mehrere Millionen Menschen saßen fast neun Stunden im Dunkeln. Der wirtschaftliche Schaden wurde auf hunderte Millionen Dollar geschätzt.

Dies war nicht der erste und auch nicht der mächtigste Sonnensturm. Erstmalig entdeckte und beschrieb 1859 der britische Astronom Richard Carrington den Zusammenhang zwischen riesigen Flecken auf der Sonnenoberfläche und den Auswirkungen auf die Erde. Am 27. August des gleichen Jahres zeigten sich auf der Sonnenoberfläche gigantische Flecken. Wer seine Augen mit einer verrußten Glasscheibe abdeckte, konnte das Phänomen direkt mitverfolgen. Allerdings hatten die wenigsten Menschen damals auch nur annähernd eine Ahnung davon, welches Naturschauspiel sich da über ihren Köpfen abspielte. Unsichtbar raste eine gigantische Wolke elektrisch geladener Teilchen auf die Erde zu. Fast 19 Stunden später (solange brauchen die Partikel auf dem Weg durch das Weltall) erreichten sie die Erde und wurden im Erdmagnetfeld abgelegt. Nordlichter, die sonst nur in den Polgebieten zu sehen waren, erstrahlten plötzlich von Rom über Hawaii bis nach Kuba. Kurz darauf durchzuckten Kurzschlüsse die Telegraphendrähte, aus den Transformatoren schlugen Funken, einige gingen in Flammen auf. Überlandleitungen lösten zahlreiche Brände in den USA und in Europa aus. Als das erschrockene Personal in den Telegrafenämtern die Stromversorgung abkoppelte, tickten die Schreiber munter weiter – und das in einer Zeit, als die Erfindung und Verbreitung des Morsetelegraphen durch den US-Amerikaner Samuel Finley Morse gerade mal 22 Jahre alt war. Ein solches Phänomen war bis dahin völlig unbekannt. Ein Stromnetz im heutigen Sinn war praktisch noch nicht vorhanden. Die Lichterscheinungen und elektromagnetischen Störungen hielten die Menschen ganze acht Tage lang in Atem.

War das ein göttlicher Wink? Wollte uns die Sonne auf die Gefahren des neuen Zeitalters vorbereiten? Oder war es nur ein ganz normaler physikalischer Vorgang, der sich jederzeit wiederholen kann? Damals waren die elektrischen Geräte vergleichsweise robust gebaut. Überhaupt waren elektrische Geräte ein seltenes Luxusgut. Die sensiblen

11: Sonnenoberfläche mit koronarem Massenauswurf.

Schaltelemente moderner Elektronik waren noch nicht erfunden und Radiosender sowie die großen Netzwerke für Internet und Mobilfunk, geschweige denn Satelliten oder GPS gab es noch nicht.

Wie massiv war der Sonnenausbruch, der übrigens heute als Carrington-Event bezeichnet wird, wirklich? Die Wirkung eines Sonnensturms wird durch die Veränderung der magnetischen Flussdichte des Erdmagnetfeldes in Nanotesla (nT) gemessen(sie beträgt normalerweise 30.000 – 60.000 nT): Je stärker es zurückgeht, desto stärker wirkt der Sonnensturm. Das Inferno von Quebec 1989 brachte nach Angaben der NASA einen Rückgang um 589 nT. Der Sonnenwind von 1859 schlug mit gewaltigen 1760 nT Feldminderung zu Buche. Letzteren Wert schätzten Wissenschaftler anhand von zeitgenössischen astronomischen Beobachtungen und Erdmagnetfeld-Daten des indischen Colaba-Observatoriums. Was ein Ausbruch wie der von 1859 heutzutage anrichten würde, beunruhigt die Sicherheitsexperten von Satelliten, Strom- und Kommunikationsnetzen schon seit Langem. Der Weltraumsturm würde zu enormen Aufladungen in Strom- und Telefonleitungen führen. Handys, Satellitennavigation, Radar- und funkferngesteuerte Anlagen würden komplett ausfallen.

Die schwerwiegendsten Schäden werden die Transformatoren der großen Überlandleitungen auslösen. Das sind die Hauptknotenpunkte, von denen die Verteilung der Elektroenergie bis in die Haushalte abhängt. Technisch sind diese so robust und kompakt gebaut, dass sie im Normalfall praktisch nie kaputt gehen. Zudem schützen eine Reihe von

Sicherheitsvorrichtungen die Geräte vor Überlastung. Kein Energieunternehmen käme auf die Idee, solche teuren Einrichtungen vorzuhalten. Ein flächendeckendes Ersatzteillager gibt es praktisch nicht.

Bei einer plötzlichen Aufladung durch den elektrischen Teilchenstrom der Sonne erwärmt sich der Trafokern innerhalb kürzester Zeit extrem stark. Die Kupferleitungen zerschmelzen und das Öl explodiert. Neue Transformatoren zu bauen, dürfte innerhalb von kurzer Zeit äußerst schwierig sein, angesichts der Tatsache, dass wahrscheinlich auch die Herstellerfirmen und die Energieerzeuger vom Blackout betroffen sind. Die Kernkraftwerke sind vermutlich schon längst vom Netz gegangen. Sie sind aus Sicherheitsgründen so programmiert, dass sie sich bei Gefahrensituationen und größeren Störungen automatisch abschalten.

Eine weitere wunde Stelle werden wir aus dem Weltraum spüren. Die oberen Schichten der Atmosphäre werden stark erhitzt, sie könnten sich im Extremfall so weit ausdehnen, dass sich viele Satelliten plötzlich in dünner Luft wiederfänden. Das würde die Erdtrabanten abbremsen und in die Atmosphäre stürzen lassen. Bei dem Ausbruch von 1989 sackte der neun Jahre zuvor gestartete NASA-Satellit „Solar Maximum Mission" urplötzlich fünf Kilometer in die Tiefe, trudelte immer mehr in die Erdatmosphäre, um schließlich gegen Jahresende, am 2. Dezember 1989, über dem Indischen Ozean zu verglühen.

Dass ein Super-Sonnensturm erneut auftreten kann, ist recht wahrscheinlich. Er könnte u.U. sogar wesentlich stärker ausfallen als 1859. Es gibt leider keine Vorhersagemöglichkeiten, wann es geschehen wird. Gesichert sind nur die Sonnenzyklen. Im Abstand von jeweils etwa elf Jahren wird eine erhöhte Sonnenfleckenaktivität beobachtet. Dann werden vermehrt Teilchenlawinen aus Elektronen, Protonen und Heliumkernen aus der Sonnenoberfläche herausgeschleudert und attackieren verstärkt den magnetischen Schutzschild der Erde. Das letzte Maximum wurde für die Jahreswende 2012/2013 erwartet, welches jedoch unerwartet gering ausfiel. „Nicht im Maximum gibt es die stärksten Knaller, sondern zwei Jahre vorher und zwei Jahre nachher", sagt der Wissenschaftler Dr. Volker Bothmer vom Institut für Astrophysik der Universität Göttingen. Diese Aussage war in einem Interview auf SpiegelOnline nachzulesen. „Es ist wie beim Wasserkochen: Die großen Blasen entstehen, bevor es richtig kocht." Er sollte Recht behalten: Nur ein halbes Jahr später, im Juli 2013, wurde ein solarer Supersturm beobachtet, der vermutlich die Carrington-Stärke übertraf. Mit ca. 3000 km/s, also viermal schneller als eine typische Eruption, raste eine gigantische Plasmawolke durch das All. Es durchschnitt die Erdumlaufbahn glücklicherweise an einer Stelle, an der sich die Erde zu diesem Zeitpunkt gerade nicht befand. Stattdessen traf die Plasmawolke den STEREO-A-Satelliten, welcher uns genaue Messdaten liefern konnte. Interessanterweise dauerte es relativ lange, bis die Öffentlichkeit darüber informiert wurde. Erst am 28. April 2015, also fast zwei Jahre später, berichtete die NASA über dieses „Fast-Katastrophen-Ereignis".

Zwar würde eine große Sonneneruption heute frühzeitig von Instrumenten und Sonden beobachtet, doch die Teilchenwolke erreicht uns schon einen Tag später. Vorhersagen sind also schwierig. Welches „Weltraumwetter" auf uns zukommt, ist ebenso wenig treffsicher vorherzusagen wie das irdische Wetter. Neueste Forschungssatelliten wie die

2015 gestartete DSCOVR-Station, die 1,5 Mio. km von der Erde entfernt im Weltraum zwischen Sonne und Erde kreist, erlauben immerhin wegen der schnelleren (300.000 km/s) Signalübertragung per Radiowellen eine Warnung vor Plasmateilchen mit einer Reaktionszeit von 30 – 60 Minuten. Bis diese Informationen den Normalverbraucher erreichen, reicht die Zeit mit etwas Glück gerade einmal, um den Computer herunterzufahren und den Netzstecker zu ziehen.

Ein Trost bleibt: Auch wenn die Welt nach einem solar-kosmischen Inferno für einen Moment vermutlich Kopf steht, die Menschen werden durch den Sonnenwind lediglich einer erhöhten kosmischen Strahlung ausgesetzt (ähnlich wie beim Langstreckenflug).

Der magnetische Polsprung

Der magnetische Polsprung ist keine Utopie oder ein Hirngespinst von Esoterikern, auch wenn so ein Ereignis in den nächsten 10-20 Jahren voraussichtlich sehr unwahrscheinlich ist.

Unsere Erde ähnelt einer riesigen magnetisierten Kugel, die sich dreht. Genauso, wie jeder kleine Dauermagnet zwei Pole besitzt, besitzt auch unsere Erde zwei magnetische Pole. Der physikalische, magnetische Nordpol befindet sich am geologischen Südpol, also in der Antarktis und der physikalische magnetische Südpol befindet sich in den nordwestlichen Randgebieten Grönlands, also am geologischen Nordpol. Warum das so ist, konnte bisher noch nicht restlos geklärt werden. Jeder kennt die Verwendung eines Kompasses. Die Kompassnadel wies schon seit Jahrhunderten Seefahrern und Forschern den Weg nach Norden. Sie weist mit ihrem magnetischen Nordpol in Richtung des geografischen Nordpols. Doch dies macht sie nicht ganz korrekt. Denn die Erdrotationsachse (= Nordpol – Südpol) stimmt nicht mit der Magnetachse überein. Zwischen beiden Achsen klafft derzeit eine Differenz von etwa 11,5° (die Kompass-Missweisung), d.h. magnetischer Pol und Nordpol liegen auf der Erdoberfläche etwa 1200 km voneinander entfernt.

Wissenschaftlich wird das Erdmagnetfeld seit etwa 170 Jahren untersucht. Dabei stellten die Wissenschaftler Erstaunliches fest. So schwächte sich das Magnetfeld in dieser Zeit um rund 10% ab. Die Magnetachse scheint zudem instabil zu sein. So konnte Dipl.-Ing. H.J. Linthe am Geomagnetischen Observatorium Niemegk in Brandenburg zunehmend schnellere Abweichungen feststellen. Bei seinen wöchentlichen Messungen beobachtete er das Wandern des Nordpols im Zickzackkurs mit bis zu 50 km/Jahr durch Kanada. Setzt sich dieser Weg fort, so droht uns irgendwann ein gigantisches Naturphänomen, wenn die magnetischen Pole unserer Erde die Richtung wechseln. So unglaublich das klingen mag, das hat es alles schon gegeben. Vor etwa 780 000 Jahren erfolgte eine solche Umpolung. Den wissenschaftlichen Beweis hierfür fanden Geologen in der Lava von früheren Vulkanausbrüchen. Lava enthalten eisenreiche Mineralien, die sich entlang den Magnetfeldlinien ausrichten. Aber noch etwas ließ sich aus den Spuren im Lavagestein ablesen. Es gab mehrere Polsprünge bzw. unvollständige Polsprünge. So haben die Geophysiker Prof. Dr. H. Arz und Dr. Nowaczyk vom Helmholtz-Zentrum Potsdam an Hand von Bohrkernen im Boden des Schwarzen Meeres einen Polsprung vor 41.000 Jahren nachweisen können, der sich wenige Jahrhunderte später wieder zurück in seinen vorherigen Zustand verkehrte.

Polumkehrungen sind also natürliche Vorgänge. Auf der Oberfläche der Sonne konnten solche Polsprünge häufiger beobachtet werden, erstaunlicherweise etwa alle 11 Jahre. Das Magnetfeld verschwindet während der Umpolung nie ganz, sondern wird diffus. Dagegen treten sehr starke lokale magnetische Nord- und Südpole auf, welche wir als Sonnenflecken beobachten können.

Noch ist nicht erforscht, welche Auswirkungen ein solcher Polsprung auf der Erde für die Menschen haben könnte. Es kann nur spekuliert werden. Zwei mögliche Auswirkungen könnte es geben: Weit außerhalb der Erdatmosphäre bildet das Erdmagnetfeld derzeit einen natürlichen Schutzschild gegen solche solaren Einflüsse. Teilchen werden abgelenkt oder abgebremst, und dies augenscheinlich sehr effizient. Das beweist die Verformung des Magnetfeldes auf der sonnenzugewandten Erdseite. Während der Phase der Umpolung könnte sich das Magnetfeld abschwächen, so dass die Erde dem Sonnenwind und der Strahlung aus dem Weltraum stärker ausgesetzt wäre.

Hochenergetische Strahlung, in etwa vergleichbar mit der Strahlung einer Atombombe, könnte dann ohne Ablenkung die Erdoberfläche erreichen und in lebenden Organismen verstärkt DNA-Mutationen hervorrufen. Das wiederum deckt sich mit Beobachtungen von Wissenschaftlern, welche in den entsprechenden Sedimentschichten (aus der Zeit der Polumkehrung) gehäuft einen Artenwechsel von Kleinorganismen feststellten. Da wir nicht wissen, wie intensiv der solare Einfluss wirklich war, können wir nur Vermutungen anstellen. Vielleicht könnten diese Ereignisse aber der Evolution einen Impuls gegeben haben, so dass sich neue Lebensformen entwickeln konnten.

Die zweite Auswirkung käme dem eines Sonnensturmes nahe. Während der Änderung des Magnetfeldes wird der magnetische Schutzschild der Erde kurzzeitig löchrig werden, was die sensible Informationstechnik des modernen Menschen erheblich stören kann. Durch Induktion könnten Elektroleitungen und Telefonnetze weiträumig elektrisch aufgeladen und Kurzschlüsse provoziert werden, so dass im Extrem die komplette Stromversorgung zum Erliegen kommen kann.

Wie schnell der nächste Polsprung unserer Erde abläuft, kann keiner so genau sagen. Wissenschaftliche Untersuchungen gehen derzeit von einer mittleren Zeitspanne von 7000 Jahren aus. Andere Messungen, zum Beispiel in alten Lavaströmen bei Oregon/USA, lassen den Schluss zu, dass eine komplette Feldumkehr auch innerhalb eines Monats möglich ist. Je nachdem, wie schnell sich der nächste Polsprung vollzieht und wie lange unser Planet ohne effektiven Schutz bleibt, werden auch die Auswirkungen unterschiedlich und nicht vorhersagbar sein.

Weitere von Menschen gemachte Krisen

Zu den von Menschen gemachten Krisen gehören natürlich auch Aufstände, Revolutionen und Kriege, Ereignisse also, die sich keiner wünscht und die jedoch, wie ein

Rückblick in die Geschichte oder ein Blick ins aktuelle Weltgeschehen zeigt, immer wieder vorkommen. Die Auswirkungen für die Zivilbevölkerung sind schwerwiegend und bestehen fast immer auch in der Zerstörung von Gebäuden und der Schädigung der öffentlichen Infrastruktur, so dass die Versorgung mit Wasser, Strom und Brennstoff behindert wird oder zum Erliegen kommt.

Auch wenn wir in Deutschland inzwischen seit über 70 Jahren in Frieden leben und uns alle wünschen, dass es so bleiben mag, können wir in den Medien sehen, dass global gesehen Kriege und Versorgungskrisen beinahe an der Tagesordnung sind. In Deutschland ist das Bundesamt für Bevölkerungsschutz und Katastrophenhilfe (BBK) offiziell mit der Notfallvorsorge und Krisenbewältigung befasst. Diese amtliche Stelle gibt u.a. für interessierte Bürger lesenswerte Informationsbroschüren mit Empfehlungen für die Notfallvorsorge heraus, nicht nur für Unwetter, Feuer, Hochwasser und Stromausfall, sondern auch für Chemie- und Atomunfälle sowie für den sogenannten Verteidigungsfall (www.bbk.bund.de).
Was in solchen Fällen alles zu tun ist, übersteigt die Möglichkeiten und den Anspruch dieses Buches. Für das Szenario Stromausfall stimmen die dort ausgesprochenen Empfehlungen durchaus mit den Ratschlägen und Empfehlungen im nächsten Kapitel überein.

Aber auch so etwas Gewaltloses und Unspektakuläres wie eine Finanzkrise kann Einfluss auf unsere Energie- und Stromversorgung nehmen. Denn viele Energieunternehmen sind heute als große Aktiengesellschaften auf Fremdkapital angewiesen und agieren mit Termingeschäften. Fehlentscheidungen der Broker und Trader, der Finanzjongleure und Banker sind da nicht ausgeschlossen und können Einfluss auf die technische Seite der Stromversorgung haben, wie die folgenden Beispiele zeigen.

Erinnern Sie sich noch an den Kälteeinbruch Anfang 2012 in Deutschland? Am 6. Februar und in den folgenden Tagen kam es zu unterschiedlichen Tageszeiten für mehrere Stunden zu anhaltenden Netzunterdeckungen. Dass wir alle nur knapp an einem Blackout vorbei schrammten, ahnte der Normalverbraucher nicht. Allerdings wurde die Netzstabilität weder durch technische Störungen noch durch einen Mangel an Kraftwerkskapazitäten gefährdet, sondern schlicht durch spekulatives Verhalten von Stromhändlern. Was war passiert? Der Strom aus Österreich, Frankreich und Deutschland wird entweder über den außerbörslichen OTC-Handel (Over the Counter-Handel) oder an der Strombörse EEX (European Energy Exchange) in Leipzig gehandelt. Die Aufgabe der Stromhändler ist es, Stromproduktion und -verbrauch zu jeder Tageszeit nach bestem Wissen und Gewissen zu prognostizieren und dazu den nötigen Strom am Markt zu beschaffen. Gehandelt wird die Energiemenge im sogenannten Spotmarkt in Blöcken. So ein Block umfasst die Zeitspanne eines Tages, eines halben Tages oder einiger Stunden. Weil die Preise aber am Spotmarkt zeitweise sehr hoch gehandelt wurden, hatten sich offenbar zahlreiche Stromhändler für manche Stunden bewusst nur unzureichend mit Strom eingedeckt. Sie spekulierten damit, dass die Deckung des Bedarfs von den kostengünstiger produzierenden Regelkraftwerken übernommen würde, die eigentlich nur dem Erhalt der Netzstabilität dienen sollen. Das wiederum hatte zur Folge, dass die

12: Die digitale Vernetzung birgt neue Gefahren.

zur Verfügung stehende Regelleistung nahezu vollständig für die Deckung der Lastprognosefehler aufgebraucht wurde. Wäre es in dieser Zeit zu einer größeren Störung oder zu einem Kraftwerksausfall gekommen, wäre das Netz zusammengebrochen. Ein solches Verhalten der Stromhändler ist zwar regelwidrig und kann ihre Lizenz kosten. Wenn es jedoch um Millionen geht, dann werden auch schon einmal Grenzen überschritten. Auch hier zeigt sich wieder, dass der Mensch der Unsicherheitsfaktor ist.

Dies war übrigens kein Einzelfall. Schauen wir nach Amerika, zum einst mächtigsten Energieriesen Enron. Durch Eingabe falscher Kaufs- und Verkaufsdaten und durch Spekulationsgeschäfte an den Strombörsen ist es dem damals größten amerikanischen Energieriesen gelungen, künstlich Strom-Engpässe zu erzeugen. Durch die scheinbar erhöhte Nachfrage und das verknappte Angebot kam es zu sprunghaften Preissteigerungen. Das führte zu weiteren Spekulationen und Bilanzfälschungen und letztendlich zum Firmendesaster. Der Energieriese musste 2001 Insolvenz anmelden. In der Folge kam es in Kalifornien zu riesigen, flächendeckenden Stromausfällen. Der vernichtete Börsenwert belief sich auf 60 Milliarden US-Dollar und riss nicht nur viele Zulieferer, sondern letztendlich auch Angestellte und Anleger in den finanziellen Notstand. Es ist eine Ironie des Schicksals, dass die Angestellten des einst mächtigsten Energieriesen am Ende ihre eigenen Stromrechnungen nicht mehr begleichen konnten.

Finanzkrisen sind nicht neu. Sie gab es schon vor 1000 Jahren, es gab sie im letzten Jahrhundert und es wird sie auch in Zukunft geben. Die Beispiele zeigen, dass auch die Geldwirtschaft Einfluss auf unsere Energie- und Stromversorgung nehmen und diese zum Erliegen bringen kann. Haben wir Menschen uns verändert oder nur eine neue Stufe erklommen? Wir sind technisch raffinierter und kontrollierter geworden und doch bleiben wir unberechenbar, weil wir Mensch sind mit all unseren Fehlern. Falsche Programmierungen, Computerviren, Macht, Neid, Missgunst, politische Fehlentscheidungen, all das lässt sich niemals ausschließen.

Wenn Kohle, Öl und Uran zur Mangelware werden

Man kann das Thema „Stromausfall" auch noch unter dem weitsichtigen bis utopischen Aspekt „Erschöpfung der fossilen Energieressourcen" betrachten. Auch wenn dieser Fall nach allen Prognosen in den nächsten 50 Jahren kaum zu erwarten ist, führen Antworten auf die Frage „Wie versorgt sich die Menschheit dann mit Energie?" zu Einsichten, die bei der Vorsorge für aktuelle Notfälle hilfreich sein können. Letztlich müssen die entwickelten Gesellschaften ihren derzeit hohen Strom- und Energieverbrauch erheblich einschränken oder sehr viel effizienter gestalten. Dabei wird eine Minderung des globalen Energieeinsatzes voraussichtlich auch eine Entschleunigung der Gesellschaften zur Folge haben. Ein Solar-Wissenschaftler hat unser industrialisiertes Zeitalter einmal das Zeitalter der fossilen Energieausbeutung genannt, in dem wir es schaffen, in wenigen Jahrhunderten alle die Ressourcen zu verbrennen, zu deren Entstehung erdgeschichtlich Jahrmillionen notwendig waren. In einem bildhaften Vergleich meinte er, dass rückblickend das fossile Zeitalter dann weltgeschichtlich nicht bedeutungsvoller erscheinen wird als das Aufflackern eines Streichholzes in der (relativen) Dunkelheit der Jahrtausende vorher und nachher – wenn wir es nicht schaffen, erneuerbare Energie für alle Anwendungen von Energie umfassend zu erschließen und effizient zu nutzen. Das wird nicht ohne umfassende kulturelle Weiterentwicklung der Gesellschaften weltweit zu leisten sein.

Derzeit sind die Menschen in den hoch entwickelten Ländern mit ihren technischen Anwendungen und Neuerungen noch lange nicht am Ende. Nach den elektrischen Maschinen und Geräten werden es bald Roboter, Elektroautos und selbstfahrende Mobile oder Fluggeräte sein, die für einen weiter steigenden Energieverbrauch sorgen. Unser Lebensumfeld ist stark geprägt von technischen Erzeugnissen, die allesamt eins benötigen: Energie. Das steht im Gegensatz zu den Verhältnissen weltweit: Von den 7,8 Milliarden Menschen auf der Welt (Stand 2020) haben 5,8 Milliarden einen gesicherten Zugang zu Energie, für etwa 1,2 Milliarden Menschen ist der Zugang eingeschränkt, etwa 800 Millionen Menschen haben gar keine Energieversorgung. Die Weltbank und die Vereinten Nationen haben ein großes Ziel formuliert: Bis 2030 soll jeder Mensch Zugang zur Elektrizität haben, wobei dieses Ziel aus unserer heutigen Sicht kaum erreichbar erscheint. Die Elektrifizierung der entlegensten Gebiete der Erde bleibt dabei die größte Herausforderung.

Elektromobilität – Fluch oder Segen?

Die Elektromobilität könnte unsere Zukunft sein, wenn die Ölreserven zur Neige gehen. Noch reichen Sie etwa 50 Jahre[(28)]. Zeit also, um sich kontinuierlich alternativen Energiequellen zuzuwenden und auszubauen. Deutschland hat sich ein sehr ehrgeiziges Ziel gesetzt. Bis 2030 sollen alle Verbrennungsmotoren durch elektrische Antriebe ersetzt werden. Wenn wir davon ausgehen, dass derzeit (2021) 47,93 Millionen Pkws und rund 4,7 Krafträder mit Verbrennungsmotoren auf den Straßen sind und durch Elektrofahrzeuge ersetzt werden sollen, setzt das eine gewaltige zusätzliche Bereitstellung von Elektroenergie und Elektrotankstellen voraus. Gegenwärtig fahren nur 0,9 % (438.950 Pkws rein elektrisch[(15)]). Es ist fraglich, ob der Netzausbau dieser Geschwindigkeit standhalten kann. Denn es müssen nicht nur unzählige Ladestationen errichtet werden. Auch die dafür notwendige Leitungs-Infrastruktur muss den zusätzlichen Energiebedarf transportieren können. Ein Schnelltankvorgang eines Elektroautos zieht durchschnittlich

11 – 22 kW/h vom Netz. Bei mehreren Fahrzeugen gleichzeitig multipliziert sich die Leistungsmenge entsprechend. Das aber dürfte, zumindest in den Ballungsgebieten, bald zu einem ernsthaften Problem werden. Ein Ausweg könnten regionale Rationierungen an den Ladestationen werden. Insbesondere dann, wenn dazu noch durch fehlenden Wind oder fehlende Sonne und entsprechend niedrige Einspeisung aus regenerativen Energieerzeugern das Netz an seine Belastungsgrenze kommt. Theoretisch könnten dann die Ladesäulen zeitweilig z. B. auf 5 kW begrenzt werden. Das wäre dann so, als ob sie an der Zapfsäule nur 10 Liter tanken dürfen, aber in einigen Stunden noch mal wiederkommen, um den Rest nachzutanken. Tatsächlich besitzen die Ladestellen der Elektromobilität derzeit weder entsprechend Ansteuerkanäle noch Techniken, um bei Hochlast solche Systementlastungen vorzunehmen. Dieses Problem haben momentan die allermeisten der Verteilnetzbetreiber in der Region Deutschland, Schweiz, Österreich und Tschechien. Erschreckenderweise gibt es noch nicht einmal ein einheitliches Anschluss- und Bezahlsystem. Derzeit benötigt man eine spezielle „Ladekarte" oder einen „Ladeschlüssel". Bei einigen Säulen erfolgt die Bezahlung mittels einer App, selten ist es mit der herkömmlichen Bankkarte möglich, da dies zusätzliche Kosten (für den Geldtransfer) verursacht. Unvorteilhaft wirken sich auch die unterschiedlichen Anschlussmöglichkeiten je nach Fahrzeugtyp und Lademöglichkeit aus. Zu Hause aus der 230 V Steckdose stehen höchstens 3,6 kW/h zur Verfügung, was zu einer Ladezeit von bis zu 14 Stunden führen kann. Das geht erfreulicherweise mit einer geringen Netzbelastung einher. Die Ladesäulen mit den Stecksystemen „Typ 2" können da schon bis 42 kW in der Stunde ziehen. „CCS" und „CHAdeMo" kommen auf 50 kW/h (passenden Adapter vorausgesetzt) und der

13: Ein Braunkohle-Kraftwerk und die zurückgelassene Abraumlandschaft.

Tesla „Supercharger" bietet sogar 120 kW/h, was zu einer Schnellenladezeit von 30 Minuten führt. Nicht jedes Stromnetz gibt das her. Derzeit sind in Deutschland erst 62 solcher Stationen eingerichtet. Dass das Versorgungsproblem im Zusammenhang mit der E-Mobilität bislang kaum beachtet wurde, ist sehr verwunderlich. Zumal es durch die Energiewende verschärft wird, wenn sich in Deutschland durch einen Parallelausstieg von Kohle- und Atomstrom die gesicherte Grundlast-Versorgung verschärft. Hier hinkt der technische Ausbau dem politischen Willen und den europäischen Klimazielen weit hinterher. Kein Wunder, dass unsere Nachbarländer besorgt diese Entwicklung beobachten.

Dabei könnte die Elektromobilität ein großes Problem lösen: Nämlich die des Stromspeicherns. Millionen von Autos (und auch E-Bikes) könnten in Zeiten der Überproduktion an Elektroenergie diese in ihren Batteriespeichern aufnehmen und einen Teil

Ereignis	Ursachen	Auswirkungen und Empfehlungen
Stromausfall kurzzeitig	Technische Störungen, Bauteilversagen	Auswirkungen für Haushalte meist gering: hauptsächlich Komforteinschränkung, bei kritischen meist kommerziellen Anwendungen ist eine Notstromversorgung ratsam, Erhebliche Auswirkungen für Handel, Produktion und öff. Verkehr, wenn Mobilität plötzlich eingeschränkt wird. **Empfehlung**: in Ruhe abwarten
Stromausfall längerdauernd, d.h. für mehrere Stunden bis Tage	Großstörungen, Leitungsausfälle, Unwetter (Schnee, Eis)	Maßnahmen zur Sicherung von Wasser- und Nahrungsversorgung empfehlenswert bis notwendig, Einschränkung/Ausfall bei Produktion, Handel und Mobilität, **Empfehlung**: eher verharren (in Ruhe abwarten) als flüchten, Selbsthilfemaßnahmen empfehlenswert
Naturkatastrophen: Überschwemmungen, Unwetter, Erdbeben	Wetterextreme, Elementarereignisse	Auswirkungen auf die Versorgungsstrukturen können erheblich bis umfassend sein; Ausfall der Stromversorgung und Schäden an Gebäuden sind möglich.
Atomunfälle	Bauteilversagen und äußere Einwirkungen	Mit radioaktivem Fallout und einer Beeinträchtigung der öffentlichen Versorgung ist zu rechnen. Aus der Kernzone flüchten oder Evakuierung abwarten. Staatliche und individuelle Maßnahmen sind erforderlich; in der erweiterten Kernzone ist eine starke Einschränkung der Versorgung zu erwarten.
Umfassende lang andauernde Störung der Versorgung, d.h. für Wochen bis Monate oder Jahre	Krieg, politische Instabilität, kosmische Ereignisse, Elementarereignisse; Seuchen; Sabotage, Terrorismus	Öffentliche Versorgung mit Strom, Gas, Wasser kann nachhaltig gestört bis unterbrochen sein. Staatliche Maßnahmen sowie individuelle und kollektive Selbsthilfe erforderlich, Neuorientierung der Menschen durch Anpassung an die neuen Gegebenheiten.

Tabelle 1: Ursachen von Stromausfällen und ihre möglichen Auswirkungen.

später bei Bedarf wieder abgeben. Um bei dem Beispiel der Tankstelle zu bleiben, wäre das in etwa so, als würde Ihr Fahrzeug, wenn Sie es gerade nicht brauchen, an der Zapfsäule bleiben und einen Teil der letzten Ladung wieder zurück pumpen. Die Tankstelle revanchiert sich dafür mit einer Belohnung, indem Sie etwas mehr Geld bekommen, als Sie fürs Tanken bezahlt haben. Gut, Geld lässt sich damit nicht verdienen, aber Ihre Tankkosten verringern. Das setzt allerdings ein ausgeklügeltes Nutzungsmanagement des Fahrzeughalters voraus. Dies würde funktionieren, wenn Sie zum Beispiel Ihr E-Auto als Zweitwagen nutzen oder als Pendler eine genau definierte Strecke regelmäßig fahren. Die bordeigene Elektronik könnte dies berechnen und dem Fahrzeughalter dann vorschlagen, wie viel die Batterien Dritten an Energiereserven zur Verfügung stellen könnten. Aber weder existiert bisher ein solches Bordwerkzeug noch gibt es genügend Ladepunkte, um ein Auto längere Zeit daran stehen zu lassen. Das dürfte höchstens auf dem eigenen Grundstück möglich sein.

Die Elektromobilität dürfte uns also in der Zukunft noch sehr beschäftigen und setzt ein umsichtiges Handeln sowie hohe Investitionskosten der Energiekonzerne und der Netzbetreiber voraus, wenn wir keinen Blackout erleben wollen.

Welche Krisen haben welche Auswirkungen?

Die Geschichten und Vorfälle in diesem Kapitel zeigen, wie viele Gefahren und Einflüsse es gibt, die unser Dasein, unsere Energieversorgung und unsere Stromversorgung im Besonderen beeinträchtigen können. Der Einwand „Stromausfall gibt es heutzutage nicht, dazu sind wir viel zu sehr vernetzt" dürfte damit widerlegt sein.

Was hilft es, vorbereitet zu sein? Niemand soll gezwungen werden, Vorbereitungen für krisenhafte Situationen zu treffen. Aber wer dieses Buch liest, hat sich vermutlich bereits gedanklich mit Krisen und Ausfällen und den möglichen Konsequenzen beschäftigt. Und denen werden in den nächsten Kapiteln Anregungen und Hinweise gegeben, mit welchen einfachen Maßnahmen man Vorsorge treffen kann, um auch bei einem länger dauernden Stromausfall gelassen zu bleiben und die größten Versorgungsengpässe abzuwenden. Eine individuelle Vorratshaltung für Nahrung und Wasser in Verbindung mit einfachen Maßnahmen einer minimalen Stromversorgung helfen schon ein gutes Stück weiter. Gesellschaftlich gesehen könnte eine stärker dezentrale, also regionale Organisation der Energie- und Nahrungsversorgung die Folgen von Unglücken und Ausfällen sicher abmildern.

Natürlich sind große Katastrophen oder ein langdauernder, großräumiger Blackout nicht grundsätzlich auszuschließen, aber seltener als ein Stromausfall für einige Stunden. Deren Auswirkungen sind für die betroffenen Menschen nur schwer absehbar und auf längere Sicht nicht planbar. Trotzdem macht es Sinn, solche Fälle einmal gedanklich durchzuspielen und das eigene Verhalten im Falle eines Falles zu reflektieren. Am Ende bleibt es die Entscheidung eines jeden einzelnen, welche Konsequenzen er daraus zieht und was er unternimmt.

4 Vorsorgemaßnahmen

Ob eines der im vorigen Kapitel beschriebenen Szenarien so oder in anderer Form jemals eintreten wird, welche Unfälle oder Katastrophen möglicherweise auf uns zukommen werden, das lässt sich nicht vorhersagen. Andererseits lassen sich noch viel mehr Ereignisse als die hier beschriebenen denken, die unser geordnetes Leben aus der Bahn werfen können. Nach Murphys Gesetz „Alles, was schief gehen kann, wird auch irgendwann schief gehen" sollten wir damit rechnen, dass solche Ereignisse meist gerade dann eintreten, wenn wir es am Wenigsten erwarten. Wer dann ein wenig vorbereitet ist, hat eine bessere Chance, schwierige Situationen zu bewältigen und auch im Katastrophenfall zu bestehen. In Deutschland macht sich, wie schon erwähnt, das Bundesamt für Bevölkerungsschutz und Katastrophenhilfe BBK Gedanken über Krisen und Notfälle aller Art und über sinnvolle Vorsorgemaßnahmen. Diese betreffen nicht nur die öffentlichen Versorgungsstrukturen und deren Sicherung, sondern sie geben auch Empfehlungen für die Bevölkerung. Dabei ist der Stromausfall ein wichtiges Szenario.

Welche vorbeugenden Maßnahmen können wir treffen, um bei Unfällen mit großräumigen Auswirkungen, Unwettern und Naturkatastrophen eine Überlebens- und Zukunftschance zu haben? Und welche Vorbereitungen können wir treffen, um auch bei einem länger andauernden Stromausfall einige Tage gut zu überleben und die Versor-

14: Was neben vielem Anderen so zu einer Notfallausrüstung gehört.

gung mit Wasser, Nahrung und ggf. auch Wärme und Strom zu sichern? Eine treffende Antwort auf diese Fragen hängt sehr davon ab, von welcher Art der Stromausfall, der Unfall, die Katastrophe oder die Versorgungskrise ist und für welchen Zeitraum man mit Ausfällen und Einschränkungen rechnen muss. Schon ein Stromausfall von einer oder mehreren Stunden kann unangenehme bis lebensgefährliche Situationen zur Folge haben (Feststecken im Fahrstuhlschacht, in der U-Bahn usw.). Zeichnet sich ein länger andauernder Stromausfall z.B. als Folge einer Naturkatastrophe oder eines größeren technischen Unfalls ab, sind die Konsequenzen schwerwiegender. Die Frage „Verharren oder flüchten?“ wird man – außer bei Atomunfällen – in der Regel vernünftigerweise mit „verharren“ beantworten. Deshalb geht es im Weiteren auch hauptsächlich um Maßnahmen, die man in den eigenen vier Wänden oder im Haus ergreifen kann.

Manche weitergehenden Fragen, wie in solchen Situationen auch die diversen Arbeitsstellen, die Produktion, der Warenverkehr und die öffentliche Versorgung aufrecht erhalten werden können, sind komplex und sollen hier nicht vertieft werden. Sicherlich hängen die zu treffenden Maßnahmen ganz entscheidend vom Ausmaß und von der voraussichtlichen Dauer des Stromausfalls bzw. der Notstandssituation ab. Bleiben wir also bei den Maßnahmen, die für das (Über-)Leben daheim von Bedeutung sind.

Wir gehen einmal davon aus, dass Sie bei allen Einschränkungen noch so viel „Normalität“ in Ihrem Lebensstil aufrechterhalten wollen, dass Sie die grundlegenden Lebensfunktionen über einen längeren Zeitraum erhalten möchten. Dann ist es wichtig, die fünf Hauptbereiche zu kennen, die gestört werden, wenn die Stromversorgung ausfällt. Jeder dieser Bereiche ist von entscheidender Bedeutung für das tägliche Leben, auch wenn Sie bereit sind, auf einigen Komfort und manches andere zu verzichten. In der Reihenfolge ihrer Bedeutung sind das:

- eine Notbeleuchtung,
- Vorräte an Wasser,
- Vorräte an Nahrung (einschließlich deren Lagerung) und eine Möglichkeit diese zuzubereiten, d.h. zu kochen,
- die Verfügbarkeit von Kommunikationsmitteln (Radio, Fernsehen, Telefon) sowie andere, möglicherweise wichtige Anwendungen von Strom sowie
- eine Möglichkeit zu heizen (im Winter).

Als weiterer Bereich bzw. als begleitende Maßnahmen sollte man einen gewissen Vorrat an Bargeld in Betracht ziehen, um ggf. etwas kaufen oder sich fortbewegen zu können, ohne die Bank oder einen Bankautomaten bemühen zu müssen. Außerdem sollte eine medizinische Notausstattung (Haus-/Reiseapotheke) verfügbar sein, um bei Unfällen und Erkrankungen schnell erste Hilfe leisten zu können. In allen Bereichen geht es darum, möglichst autonom handeln und auf eigene Vorräte zurückgreifen zu können, wenn der Strom ausfällt und in der Konsequenz die Versorgung in manchen Bereichen gestört ist oder zum Erliegen kommt.

Licht und Notstrom

15: Strom weg, Sicherungen in Ordnung!

Wenn der Strom bei Dunkelheit ausfällt, ist ein Notlicht natürlich als erstes wichtig, um sich überhaupt orientieren zu können – auch wenn Licht nicht von so existenzieller Bedeutung ist wie Wasser und Nahrung.

Die vertrauteste Form der Notbeleuchtung ist eine Taschenlampe. Doch werden Sie diese auch bei Dunkelheit finden? Wenn ja, herzlichen Glückwunsch. Dann gehören Sie vermutlich zu den Umsichtigen, die sich beizeiten darüber Gedanken gemacht haben. Noch besser wäre es, wenn jedes Mitglied Ihrer Familie eine Taschenlampe hätte, natürlich mit vollen Batterien und ggf. mit einem Satz Reservebatterien für jede Taschenlampe. Achten Sie darauf, dass alle Taschenlampen die gleiche Art von Batterien benutzen. Bewahren Sie die Taschenlampen an einem Ort auf, den Sie schnell auch im Dunkeln erreichen können, z.B. im Bad oder im Flur und nicht wie in unserer Eingangsgeschichte in der hintersten Kellerecke! Jedes Kind sollte den Weg dahin kennen und wissen, wie man die Taschenlampe verwendet. Taschenlampen sind übrigens immer ein gutes Geburtstagsgeschenk!

Ältere Taschenlampenmodelle mit Glühlampen verbrauchten viel Energie und leeren die Batterien entsprechend schnell. Moderne LED-Taschenlampen verbrauchen wesentlich weniger und leuchten mehrere Tage lang, manche sogar bis zu einer Woche, bevor die Batterien erschöpft sind. Wer eine Kurbeltaschenlampe hat, braucht sich über Ersatzbatterien keine Gedanken zu machen. Allerdings kann das ständige Nachladen durch den Kurbelmechanismus nerven und manchmal auch behindern. Anstelle von Batterien können auch Akkus eingesetzt werden, die sich über den Zigarettenanzünder des Autos oder mit einem kleinen Solarmodul netzunabhängig aufladen lassen. Das dazu passende Ladegerät sollte man sich schon im Vorfeld bei einem Autozubehörhändler oder im Elektronikmarkt besorgen.

Wer es gern romantisch mag, für den eignen sich natürlich auch die normalen *Haushaltskerzen,* die es überall im Handel gibt. Ein Vorrat an Kerzen nimmt nicht viel Platz ein. Vergessen Sie nicht, auch einige Packungen Streichhölzer oder mehrere Feuerzeuge beizulegen. Notstreichhölzer sollten in einer wasserdichten Dose verpackt werden. Beim Anzünden ist Vorsicht geboten. Kerzen dürfen nur auf nichtbrennbaren Unterlagen aufgestellt werden, z.B. auf ein Backblech oder auf umgedrehte Teller. Wer kleine Kinder hat, für den ist es wahrscheinlich am sichersten, die Kerzen in einem Kerzenhalter mit Glasschirm an der Wand zu befestigen.

Öllampen sind eine weitere mögliche Lichtquelle. Sie liefern ein gleichmäßigeres Licht als Kerzen, weil sie nicht bei jedem Luftzug flackern. Auch reicht eine Nachfüllflasche mit Öl länger als eine Kerze. Bewahren Sie das Lampenöl unerreichbar für Kinder auf, denn es ist giftig. Durch die kräftigen Farben und den angenehmen Geruch kann es leicht mit Saft verwechselt werden.

Auch die gute alte *Petroleumlampe* liefert ein recht ansehnliches Licht, dessen Intensität sich durch Aufdrehen des Dochtes regulieren lässt. Ein kleines Flämmchen eignet sich als Orientierungsleuchte und eine große Flamme ist ausreichend als Leselicht oder für knifflige Arbeiten, z.B. um einen Faden durch ein Nadelöhr zu führen. Nachteilig bei Petroleum und Lampenöl ist der Geruch, weswegen beide in geschlossenen Räumen weniger gut geeignet sind. Allerdings haben Öl- und Petroleumlampen noch einen wärmenden Nebeneffekt: In meiner Kindheit stellte mein Vater an kalten Winterabenden eine Petroleumleuchte neben die Toilettenschüssel. Die Flamme brannte die ganze Nacht hindurch. Das Licht diente uns zur Orientierung und die abstrahlende Wärme verhinderte das Einfrieren des Wassers.

Ein ernstzunehmender Nachteil bei allen Lichtquellen mit offener Flamme ist das erhöhte Brandrisiko, das statistisch gesehen mit dem Gebrauch verbunden ist, z.B. durch Unachtsamkeit oder ein Missgeschick bei der Handhabung.

Sicherer in der Benutzung und komfortabel sind daher elektrische *Camping-Leuchten* mit LED und Batterie oder Akku, die sich durch eine regelbare Helligkeit und beträchtliche Brenndauer auszeichnen.

16: Camping-Leuchte mit Batterie. Die Leuchtdauer beträgt 80 bzw. 400 Stunden bei einer Helligkeit von 200 bzw. 50 Lumen. Es gibt auch Modelle mit wiederaufladbaren Akkus.
Quelle: Fritz Berger Campingbedarf

Genial und einfach – das Schmelzfeuer

Eine scheinbar schlichte Keramikschale spendet ein gemütliches Licht mit einer kräftigen Flamme. Im Inneren arbeitet ein Dauerbrenner mit einem nichtbrennbaren Docht aus Glasfaser. Die Füllung reicht je nach Gefäßgröße für 12 bis 36 Stunden Brenndauer. Doch das Beste: es lässt sich permanent mit alten Kerzenstumpen und Wachsstücken nachfüllen. Aus altem Wachs wird so wieder neues Licht und jeder übriggebliebene Wachsrest lässt sich sinnvoll recyceln.

Das Schmelzfeuer gibt es nur von dem Erfinder, dem Familienunternehmen Denk, das es sich hat schützen lassen. www.denk-keramik.de

Bild 17

Natürlich ist wie bei der Taschenlampe ein Reservesatz Batterien oder eine netzunabhängige Lademöglichkeit für den Akku gleich mit einzuplanen.

Wer nachhaltiger und auf lange Sicht plant, wird die gesamte Beleuchtungstechnik in der Wohnung auf energiesparende LED umstellen. Bereits mit ein oder zwei 6 Watt-Leuchten lässt sich ein mittlerer Raum gut ausleuchten. Das spart im Normalbetrieb Energiekosten und macht es später einmal leichter, das Haus bzw. die Wohnung oder Teile davon zeitweise mit selbsterzeugtem Strom zu versorgen. In Kapitel 6 wird das Thema Inselstromversorgung für Notfälle noch weiter behandelt.

LED-Leuchten gibt es in verschiedenen Lichtfarben, d.h. Farbtemperaturen, die in Kelvin angegeben werden. Leuchten mit einer Farbtemperatur zwischen 2800 und 3300 K geben ein warmes, leicht gelbes Licht ab, ähnlich dem der Glühlampen. Im Büro sind meistens neutrale Lichtfarben zwischen 3300 und 5300 K erwünscht, während Lichtfarben von über 5000 K sehr kalt wirken, schwach ausgeleuchtete Räume aber heller wirken lassen.

Wie wichtig eine Notbeleuchtung ist, werden Sie wahrscheinlich erst merken, wenn Sie sich in einem fremden Gebäude aufhalten. Ohne Licht werden Sie auf unbekanntem Terrain kaum den Ausgang oder die Toilette finden und auch nicht den Weg zum Sicherungskasten.

Versorgung mit Wasser und Trinkwasser

Auch die öffentliche Trinkwasserversorgung funktioniert mit elektrischem Strom, d.h. ohne Strom auf Dauer gar nicht. In der Stadt wird bei einem totalen Blackout der Wasserdruck nach einiger Zeit nachlassen, sobald der Vorrat im städtischen Hochbehälter verbraucht ist, weil die elektrischen Pumpen kein Wasser mehr nachfördern. Die Bereitstellung von Trinkwasser ist eine recht komplexe Angelegenheit, denn das Wasser muss nicht nur mittels elektrischer Pumpen aus tieferen Erdschichten gefördert werden, sondern anschließend auch gefiltert, ggf. entkeimt und je nach Wasserqualität auch entkalkt oder anderweitig korrigiert werden. Erst danach gelangt es, meist über einen Hochbehälter zur Speicherung und Druckhaltung, in die Verteilungsleitungen, in denen es ununterbrochen zirkuliert. Das alles wird durch ein komplexes Überwachungs-, Steuer- und Messsystem geregelt, damit an den Tausenden von Wasserhähnen stets sauberes Trinkwasser in guter Qualität zur Verfügung steht.

Wie lange bei einem überregionalen Stromausfall noch Wasser fließt, hängt stark vom Aufbau der örtlichen Wasserversorgung ab und ggf. auch davon, wie lange genügend Dieselkraftstoff für die Notstromaggregate zur Verfügung stehen, welche den Weiterbetrieb der Pumpen und Anlagen sicherstellen sollen. Vermutlich wird auch dann noch etwas Wasser aus Ihrem Hahn fließen, wenn die Wasserwerke ihren Notbetrieb eingestellt haben. Dieses Wasser, der rückfließende Rest aus den gefüllten Leitungen und Wasserbehältern höhergelegener Häuser, kann jedoch bereits verschmutzt sein. Denn ohne kontinuierliche Förderung und Zirkulation in den Leitungen können sich im Stau und Rückfluss Schadstoffe und Bakterien vermehren. Wer auf dem Land wohnt und eine eigene Hauswasseranlage (Brunnen) besitzt, ist unter Umständen sogar noch schlechter gestellt, da der Wasserdruck meist schon nach wenigen Entnahmen abfällt und die Versorgung versiegt, weil der Vorratsbehälter (oder Hochbehälter) nur wenige Liter Wasser fasst und ohne Strom auch auf dem Lande keine Pumpe mehr läuft.

Wasser ist ein lebensnotwendiges Lebensmittel. Das Rote Kreuz und die WHO (Welt-GesundheitsOrganisation) empfehlen einen Verzehr von mindestens zwei Litern pro Tag und Person (70 kg Körpergewicht). Diese Menge deckt nur den Bedarf zum Trinken und Kochen. Eine Trinkwasserreserve für eine Woche (oder auch zwei) in Form von einigen Kästen Mineralwasser vorzuhalten, gehört daher zu den einfachsten und kostengünstigen Maßnahmen, die jeder ergreifen kann – vorausgesetzt, es ist in der Wohnung oder im Keller etwas Platz vorhanden. Das Bundesamt für Bevölkerungsschutz und Katastrophenhilfe BBK rät einen Vorrat für 2 Wochen anzulegen (d.h. 28 l/Person oder 3 Kästen Mineralwasser), allerdings ohne zu sagen wie.

Händewaschen, Duschen, Toilettenspülung etc. sind im oben genannten Verbrauch nicht eingerechnet. Der durchschnittliche Haushalts-Wasserverbrauch liegt in Deutschland bei etwa 129 Liter/Tag (2020). Auch wenn die Menge derzeit etwas rückläufig ist (1990 waren es noch 147 Liter/Einwohner und Tag)[(14)], ist das viel – mehr als man sinnvoll in einer Wohnung oder in einem Wohnhaus für mehrere Tage bevorraten kann. Das

Wasser zum Trinken hat daran den geringsten Anteil. Der größte Teil wird für Wäschewaschen, Duschen, Kochen und Toilettenspülung verwendet.

Auch wenn Sie im Ernstfall Ihren Verbrauch sofort auf das allernotwendigste beschränken, kommen Sie ohne Wasser nicht aus. Denn ohne fließendes Wasser leidet die Körperpflege, die Toilettenspülung fällt aus (Verstopfungsgefahr), ebenso das Wäsche waschen. Für die Zubereitung von Speisen und Getränken kann und sollte man eher auf den Trinkwasservorrat zurückgreifen. Solange noch Wasser fließt, sollten Sie schnellstens Vorräte anlegen. Töpfe, Eimer, leere Seltersflaschen, eine Teekanne, selbst die Badewanne kann als Trinkwasserbehälter dienen. Notfalls sind auch feste Plastikmüllsäcke und Einkaufsbeutel möglich. Denken Sie daran, dass Sie auch für die Toilettenspülung Wasser benötigen. Wer längerfristig plant und anderweitig Vorräte anlegen will, rüstet sein Haus mit Regentonnen oder einer Regenwassersammelanlage in der Erde aus. Letztere hat den Vorteil, dass das Wasser wegen der kühlen Temperaturen im Erdreich länger frisch bleibt, auch wenn es keine Trinkwasserqualität hat.

18: Trinkwasser ist lebensnotwendig, Wasser ein wichtiges Mittel des täglichen Lebens.

Zum Wassersammeln eignen sich vor allem Wasserkanister oder auch Wassersäcke, die es beim Campingausstatter und im Baumarkt zu kaufen gibt. Wasser gibt es hierzulande eigentlich im Überfluss, man kann es bei Regen aus der (umgeleiteten) Dachrinne auffangen oder im Ernstfall aus nahegelegenen Flüssen oder Seen holen. Leider ist das Oberflächenwasser nie ganz sauber.

Man kann sich auch mit einer provisorischen Regenwassersammelanlage behelfen, und zwar folgendermaßen: Breiten Sie im Freien eine größere saubere Folie aus und sammeln Sie am tiefsten Punkt das Regenwasser auf – natürlich, sofern es regnet. Regenwasser kann man trinken, es ist oftmals sauberer als manches Oberflächenwasser, das kurz zuvor über gedüngte Felder oder befahrene Straßen floss.

In Großstädten werden zur Notversorgung der Bevölkerung Trinkwasserwagen aufgestellt, siehe Bild 20 in Görlitz. Dort wurde im September 2010 die Infrastruktur der Stadt durch einen Dammbruch für längere Zeit lahmgelegt.

19: 20 l Wasserkanister mit Entnahmehahn
Bild: Fa. Fritz Berger Camping-Bedarf

Natürlich kann man auch Brunnenwasser händisch mittels Seil und Eimer aus der Erde fördern, doch gibt es heute nicht mehr viele alte Brunnen, bei denen das praktisch möglich ist. Moderne Brunnen zur Trinkwasserförderung werden gebohrt und haben einen Durchmesser von lediglich 20 – 25 cm. Da passt kein Eimer zum Schöpfen durch, d.h. ohne eine passende Brunnenpumpe lässt sich daraus kein Wasser fördern. Als Vorsorge kann es daher hilfreich sein, sich zu erkundigen, wo in der Nähe eine Quelle sprudelt oder wo Wasser noch aus einem Brunnen gezogen werden kann. Viele, vor allem alte Brunnen, sind als solche kaum erkennbar. Oft sind sie nur durch eine Metallplatte abgedeckt. Versuchen Sie bei Ihrer Erkundung auch gleich abzuschätzen, ob der betreffende Brunnen überhaupt genügend Wasser für eine größere Zahl von Menschen liefern kann!

Was kann man sonst noch tun, um an (Trink-)Wasser zu kommen? Wenn Sie die Möglichkeit haben, im Freien zu graben und in einem Gebiet mit hohem Grundwasserspiegel wohnen, können Sie versuchen, von Hand einen eigenen Brunnen zu graben. Mit etwas Glück läuft schon in geringer Tiefe Grundwasser zusammen. Durch das Schar-

20: In Städten werden zur Trinkwasser-Notversorgung der Bevölkerung Trinkwasser-Wagen aufgestellt.

21 und 22: In manchen Städten existieren noch Trinkwasser-Notbrunnen aus den Zeiten des kalten Krieges. Etwa 4800 solcher Stellen soll es derzeit geben, die lange Zeit vernachlässigt wurden. Neuerdings bemüht sich das Bundesamt für Bevölkerungsschutz und Katastrophenhilfe (BBK) auf der Grundlage des Wassersicherstellungsgesetzes um deren Reaktivierung. Aufgabe dieser Trinkwasser-Notversorgung soll sein, für die Bevölkerung im Katastrophenfall Möglichkeiten zur Selbstversorgung bereitzustellen. An manchen Stellen bieten sich dafür ausgebaute Quellen oder ältere Brunnenanlagen an.

ren in der Erde entstehen zwar Trübstoffe im Wasser, die sich aber meist nach kurzer Zeit klären. Sind weder ein Brunnen noch frisches Quellwasser zugänglich, bleibt nur, das Wasser aus nahegelegenen Flüssen oder Teichen zu holen. Doch Vorsicht, das Wasser muss erst trinkbar gemacht werden. Dazu gibt es chemische Entkeimungsmittel, zum Beispiel „Micropur forte" oder „Aquamira". Das sind Tabletten, die dem Wasser zugesetzt werden und bis zu zwei Stunden Einwirkzeit benötigen – also nichts für den schnellen Durst. Sie sind im Outdoor-Handel erhältlich. Leider ist das so behandelte Wasser oft nicht geschmacksneutral. Außerdem sind die Tabletten nur für klares Wasser geeignet.

In Krisengebieten sollten Sie jedes Wasser mindestens 10 Minuten abkochen, bevor Sie es als Trinkwasser verwenden. Lagern Sie es in geschlossenen Behältern kühl und dunkel. Eine alternative Möglichkeit der Entkeimung ist die SODIS-Methode – die solare Wasserdesinfektion. Dabei wird klares Wasser in durchsichtige PET-Flaschen (Etiketten entfernen) gefüllt und mindestens 6 Stunden in die pralle Sonne gelegt. Die im Sonnenlicht vorhandene UV-A Strahlung tötet Krankheitserreger wie Viren, Bakterien und Parasiten ab. Das ist eine recht sichere Methode und funktioniert auch bei niedrigen Außentemperaturen. Zahlreiche wissenschaftliche Studien belegen die Wirksamkeit dieser Methode, weshalb sie auch von der WHO, UNICEF und dem Roten Kreuz gera-

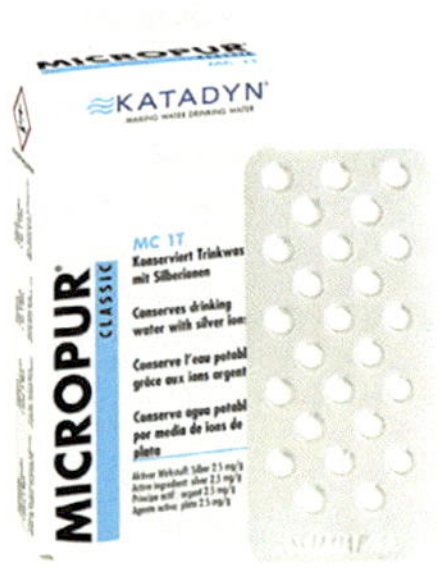

23: Micropur-Tabletten zur Wasserdesinfektion. Foto: Katadyn

24: Die Filterkerze wird in das zu reinigende Wasser gelegt. Durch den Schlauch fließt das gereinigte Wasser selbsttätig in einen tieferstehenden Eimer. Foto: Katadyn

de für die Behandlung von Trinkwasser in den Entwicklungsländern empfohlen werden (Näheres dazu: www.sodis.ch).

Kurz vor dem Verdursten, also wirklich nur im absoluten Notfall, kann man sich auch einen groben Partikelfilter selbst bauen: Dazu benötigt man einen Strumpf oder ein feingewebtes Tuch und eine 1,5 l-PET-Flasche. In den Deckel stößt man ein kleines Loch. Den Boden schneidet man ab und hängt die Flasche verkehrt herum auf. Diese befüllte man mit klein gestoßener Holzkohle, feinem Sand, dicht gepresstem Heu und Gras. In dieser Reihenfolge von unten nach oben. Zwischen Holzkohle und Sand kommen zur Trennung Rinde und Blüten. Ist das alles nicht vorhanden, geht das notfalls auch mit einer Lage Papiertaschentücher oder Toilettenpapier. Nun füllt man oben Wasser ein und lässt es hindurch tropfen. Ein Glas Wasser benötigt etwa ein Stunde. Es filtert zumindest die einzelligen Krankheitserreger heraus, dazu viele Schwebstoffe und Schmutzpartikel. Wenn dazu noch die Möglichkeit vorhanden ist, das Wasser abzukochen, dann sollten Sie es tun. So stellen Sie sicher, dass alle Krankheitserreger abgetötet werden.

25: Selbstbau-Wasserfilter, hier mit Stoff, Holzkohle und Sand gefüllt.

Besser ist natürlich ein professioneller Wasserfilter, zum Beispiel der Wasserfilter von MSR EX Mikrofilter Miniworks, den Sawyer MINI-Wasserfilter oder der Katadyn Combi Filter. Diese filtern neben den Schwebeteilchen auch Bakterien und Einzeller aus dem Wasser heraus, schützen jedoch nicht vor Viren.

WICHTIG *bei der SODIS-Methode: keine Glasflaschen (sie hemmen das UV-Licht), sondern Flaschen mit dem PET-Symbol verwenden!*

26: Verunreinigtes Wasser zu trinken kann lebensgefährlich sein.

Was kann passieren, wenn verunreinigtes Wasser getrunken wird?

Mikrobiologische Verunreinigungen im Wasser können schwerwiegende Folgen haben. Die meist unsichtbaren Lebewesen, die sich in vielen Gewässern befinden, können zu den verschiedensten Beschwerden führen. Wer mikrobiologisch verseuchtes Wasser trinkt, muss mit starkem Durchfall bis hin zu tödlichen Erkrankungen rechnen. In Krisengebieten kann das Wasser durch Tierkadaver (aber auch Leichen) und Fäkalien verunreinigt sein, was die Entstehung von Seuchen (Typhus, Cholera etc.) begünstigt. Im Folgenden sei eine Auswahl möglicher Gefahren zum besseren Verständnis erläutert:

Parasiten sind mikroskopisch kleine Tiere, die den menschlichen Körper befallen können. Sie nisten sich im oder am Körper des Menschen ein und können dort – oft unbemerkt – ihr Dasein fristen. In der Regel handelt es sich dabei um Würmer, Gliederfüßer, Milben oder Läuse bzw. dessen Eier und Larven. Viele von ihnen kann man schon mit einer Lupe betrachten. Während die meisten Parasiten durch Erhitzen oberhalb von 60°C abgetötet werden, überstehen sie tiefe Temperaturen bis -20°C unbeschadet.

Protozoen können sowohl in Salz- als auch in Süßwassergewässern und im Boden leben. Protozoen sind so genannte Einzeller, die in großem Artenreichtum in kalten und gemäßigten Regionen vorkommen. Besonders gefürchtet sind Amöben, die schwere Magen-Darmerkrankungen hervorrufen können.

Bakterien sind mikroskopisch kleine, meist einzellige Lebewesen. Sie gelangen oft durch Abwässer oder andere organische Substanzen in Gewässer und treten meist in der Nähe von bewohnten Gebieten auf. Der Mensch ist ständig umgeben von Bakterien, im Körper leben bis zu 400 unterschiedliche Arten. Auf der Haut bilden sie eine gesunde Hautflora, im Darm fördern sie die Verdauung. Bakterien können aber auch Krankheitserreger sein. In naturbelassenen Gegenden, in kalten und sehr schnell fließenden Gewässern ist die Gefahr durch Bakterien sehr gering. Bleibt jedoch Trinkwasser in Leitungsrohren und Wasserspeichern längere Zeit stehen, können sich Legionellen bilden. Diese stäbchenförmigen Bakterien haben bei 28 – 30°C ideale Lebensbedingungen. Sie bilden Sporen und können sich durch fadenähnliche Gebilde, die Geißeln, fortbewegen. Sie gelten als die Erreger der Legionellose, auch als Legionärskrankheit bekannt. Übliche Infektionsorte sind zum Beispiel Springbrunnen in Hotellobbys, Duschen und Whirlpools, da die Übertragung durch das Einatmen bakterienhaltigen Wassers zur Infektion führt. Die deutsche Trinkwasserverordnung schreibt daher seit 2012 eine regelmäßige Untersuchungspflicht auf Legionellen vor. Das Trinken von legionellenhaltigem Wasser stellt dagegen für Personen mit intaktem Immunsystem keine Gesundheitsgefahr dar.

Gefährlich sind u.U. **coliforme Keime,** also Fäkalienkeime von Mensch und Tier, die über Exkremente, Dünger und Niederschläge in den Boden gelangen. Geraten diese Bakterien ins Trinkwasser, kann es zu verschiedenen Krankheiten, meist zu Durchfall, kommen. Alle Bakterien lassen sich entweder durch Abkochen oder durch chemische Entkeimungsmittel beseitigt.

Viren: Die Menschen sind härtere Lebens- und Umweltbedingungen, wie sie noch vor 50 Jahren herrschten, heute kaum noch gewohnt und daher anfälliger für Virusinfektionen. Viren sind in einer Wirtszelle (z. B. Bakterie) enthaltene Parasiten. Sie sind so klein, dass sie selbst mit dem Lichtmikroskop nicht zu erkennen sind. Da sie nicht selbstständig lebensfähig sind, gelten sie nicht als Lebewesen. Sie können durch Abwässer, Insekten und Pflanzen, aber auch durch Menschen, durch Tröpfchen- und Schmierinfektionen, in fließende oder stehende Gewässer gelangen. Von da aus können sie, vom Körper einmal aufgenommen, zu gefährlichen Krankheiten (z. B. Herpes, Noro, Ebola, Hepatitis-B) führen. Bekannt ist, dass Viren auch als biologischer Kampfstoff eingesetzt werden können. Einen sicheren und effektiven Schutz bieten chemische Entkeimungen.

Entkeimung von Wasser mit UV-Licht

Ein einfaches Naturgesetz macht sich die Firma PURION GmbH zunutze und verwendet es zur Entkeimung von Wasser. Die Funktionsweise ist einfach und effektiv zugleich. Bei der Wasserentkeimung wird das Wasser durch ein Edelstahlrohr geleitet, in dem sich eine Speziallampe in einem Quarzrohr befindet. Das Wasser umspült die Lampe, die UVC-Licht ausstrahlt. Diese energiereiche Strahlung im kurzwelligen Bereich um 254 Nanometer (nm) verändert das Erbgut der Mikroorganismen so, dass diese sich nicht mehr fortpflanzen können und inaktiviert sind. Alle Mikroorganismen (Bakterien und Viren) werden also unschädlich gemacht. Für die Inaktivierung einer Bakterie reichen hundertstel Sekunden aus. (UV-desinfiziertes Wasser hat hinsichtlich der Keimbelastung Trinkwasserqualität!).

Die PURION GmbH bietet sieben Anlagengrundtypen unterschiedlicher Größen inklusive Elektronik an. Die Anlagen sind ausschließlich aus Edelstahl, sind handlich und witterungsbeständig. Sie können mit 230 V aber auch mit 12 V oder 24 V Gleichstrom betrieben werden. (Zum Beispiel in Verbindung mit einem Akku und einer Solaranlage). Die Anlagen werden relativ kostengünstig angeboten. Wenn man zum Beispiel die Kosten der Anlage mit dem Zusatz von Chlor vergleicht, refinanziert sich der Anlagenpreis nach etwa einem Jahr. Der Wartungsaufwand und die Betriebskosten sind gering, die natürliche Entkeimung verhindert zudem die Gefahr der Über- oder Unterdosierung, worauf man beim Einsatz von Chlor achten muss.

Die Purion „Tropenbox" versorgt bereits seit Jahren entlegene Dörfer im Amazonasgebiet Brasiliens, was die Wasser- und Lebensqualität der Menschen dort stark verbessert hat. In Kooperation mit der Deutschen Welthungerhilfe e.V. wurden diese Anlagen auch in dem durch schwere Erdbeben stark verwüstetem Haiti erfolgreich eingesetzt.

Weitere Informationen über die Firma, deren Produkte und das Prinzip gibt's im Internet: unter www.purion.de

Bild 27

Nahrung und ihre Zubereitung ohne Strom

Schon bei einem mehrtägigen regionalen oder überregionalen Stromausfall ist damit zu rechnen, dass auch der Nachschub an Lebensmitteln und Getränken in den Geschäften ins Stocken gerät. Durch Hamsterkäufe sind dann wichtige Lebensmittel wie Kohlehydrate, Fett, Gemüse u.a. unter Umständen sehr schnell ausverkauft. Stets gewisse Vorräte im Haushalt zu haben, ist daher nicht die schlechteste Idee. Es sollten natürlich schon die Dinge sein, die auch in normalen Zeiten regelmäßig verzehrt werden, schon deshalb, damit die Vorräte innerhalb der Haltbarkeitsdauer verbraucht und hinten im Regal durch

Lebensmittel	**Menge für 2 Wochen**	**Bemerkung**
Getränke Wasser, Mineralwasser, Fruchtsäfte etc.	28 l/Person	Bei diesem Getränkevorrat wurde über den reinen Bedarf eines Erwachsenen von mindestens 1,5 l pro Person und Tag hinaus ein Zuschlag von 0,5 l gemacht, um auch über Wasser zur Zubereitung von Lebensmitteln wie z. B. Teigwaren, Reis oder Kartoffeln zu verfügen.
Getreide, Getreideprodukte, Brot, Kartoffeln, Nudeln, Reis	4,9 kg/Person	
Gemüse, Hülsenfrüchte	5,6 kg/Person	Gemüse und Hülsenfrüchte im Glas oder in Dosen sind bereits gekocht; für getrocknete Produkte wird zusätzlich Wasser benötigt.
Obst, Nüsse	3,6 kg/Person	Bevorraten Sie Obst in Dosen oder Gläsern und verwenden Sie als Frischobst nur lagerfähiges Obst.
Milch, Milchprodukte	3,7 kg/Person	
Fisch, Fleisch, Eier bzw. Volleipulver	2,1 kg/Person	Bitte beachten Sie, dass frische Eier nur begrenzt lagerfähig sind, Volleipulver ist hingegen mehrere Jahre haltbar.
Fette, Öle	0,5 kg/Person	
Sonstiges nach Belieben		Zucker, Süßstoff, Honig, Marmelade, Schokolade, Jodsalz, Fertiggerichte (z.B. Ravioli, getrocknete Tortellini, Fertigsuppen), Kartoffeltrockenprodukte (z.B.Kartoffelbrei), Mehl, Instantbrühe, Kakaopulver, Hartkekse etc
Nähere Informationen finden Sie beim Bundesministerium für Ernährung, Landwirtschaft und Verbraucherschutz unter www.ernaehrungsvorsorge.de. Auf der Seite **www.ernaehrungsvorsorge.de/private-vorsorge/notvorrat/vorratskalkulator/** können Sie in einem Vorratskalkulator Ihren persönlichen Bedarf berechnen.		

Tabelle 2: Beispiel für einen 14-tägigen Lebensmittel-Grundvorrat für eine Person, entsprechend ca. 2.200 kcal pro Tag. Berücksichtigen Sie bei der Planung persönliche Vorlieben, Diät-Vorschriften und Allergien. Aus BBK: Ratgeber für Notfallvorsorge und richtiges Handeln in Notsituationen.

neue ersetzt werden können. Das Bundesamt für Bevölkerungsschutz und Katastrophenhilfe BBK empfiehlt, bei wichtigen Lebensmittel und Getränken einen 2-Wochen-Vorrat vorzuhalten. Die Mengen sind in Tabelle 2 angegeben.

Um warme Speisen zuzubereiten, aber schon um einen Kaffee oder Tee zu kochen, bedarf es einer Kochgelegenheit. Gerade in Krisensituationen wirkt eine gekochte Mahlzeit pro Tag wahre Wunder. Es baut die Stimmung auf, hilft soziale Kontakte zu schaffen und kann nebenbei auch verunreinigte Lebensmittel desinfizieren. Und wenn Ihr Kühlschrank oder die Tiefkühltruhe mangels Strom auftaut, sollten Sie, sofern nicht gerade tiefster Winter herrscht, den Inhalt zur Verlängerung der Haltbarkeit abkochen bzw. zubereiten oder auf den Grill legen und nach und nach aufessen.

Fürs Kochen sind in stromlosen Zeiten Alternativen zum Elektroherd gefragt, das kann z.B. ein Gasherd oder ein Kochherd mit Holzfeuerung sein, der dauerhaft genutzt wird. Alternativen für den gelegentlichen Einsatz sind Camping-Gaskocher, Grill, Lagerfeuer oder auch ein Solarkocher.

Fein heraus sind alle, die statt Elektroherd einen Gasherd haben (Propan- oder Erdgas). Eine 11 kg-Propangas-Flasche, draußen aufgestellt, reicht aus, um auf einem Haushaltsgasherd etwa ½ – 1 Jahr lang regelmäßig zu kochen und gelegentlich auch zu backen. Die Energiequelle Gas ist fürs Kochen zudem noch kostengünstiger als Strom. Andere nützliche Kochhilfen als Alternative zum Elektroherd sind Campingkocher mit Gaspatrone auf Basis von Propan oder Butan. Bei einer Mahlzeit pro Tag kann man mit einer kleinen Kartusche durchaus eine Woche lang kochen. Dann wird eine Ersatzkartusche benötigt.

28: Alter Lagerkeller mit Vorräten

29: Haushaltsgasherd
30: Zweiflammiger Camping-Gaskocher
Foto: Fa. Fritz Berger Campingbedarf

Eine weitere gute Möglichkeit für gelegentliche Nutzung bietet der zweiflammige Benzinkocher der Firma Coleman. Zwei rostfreie Stahlbrenner in einem Blechgehäuse liefern Energie für den größeren Kochbedarf. Gespeist wird die Kochstelle aus einem 1,2 Liter fassenden Benzinbehälter. Der Inhalt ist aus eigener Erfahrung ausreichend, um eine vierköpfige Familie etwa eine Woche zu bekochen, womit Frühstückskaffee und Mittagessen gemeint sind. Vergast wird das Benzin durch eine spezielle Drucktechnik. Da Sie alle Sorten von bleifreiem Benzin verwenden können, bleiben Sie ziemlich unabhängig. Denn wo sich Autos befinden, lässt sich auch ein Liter Benzin abzapfen. Wem das nicht reicht, für den gibt es den kleineren, einflammigen Optimus Hiker Multifuelkocher. Er lässt sich außer mit Benzin auch mit Diesel und Kerosin betreiben.

Wer es gern naturnäher mag und einen Garten hat, kann sich auch die Methode der Pfadfinder zu Nutze machen. Eine Feuerstelle ist kostengünstig, schnell errichtet und funktionell. Ein paar Steine um ein Feuer zusammengestellt, darüber ein großer Kochtopf und schon ist eine einfache Kochstelle eingerichtet. Allerdings hat der Koch nicht viele Kombinationsmöglichkeiten, da nur ein Topf zur Verfügung steht. Doch auch dabei kann man sich behelfen: Kartoffeln lassen sich zubereiten, indem diese in die noch heiße Asche oder in das Glutbett des ausgehenden Feuers gelegt werden. Nach 20 – 30 Minuten sind sie weich und schmecken lecker. Die Schale kann man, sofern sie nicht verkohlt ist, mitessen. Auch Backen ist mit dieser Methode möglich. Geben Sie in einen eisernen Topf Brotteig hinein, schließen den Deckel und stellen das Ganze in das Glutbett. Um sicher zu gehen, dass der Deckel nicht verrutscht, sollte er am Topf mit einem Draht arretiert werden. Schaufeln Sie nun zusätzlich Glut, Asche oder die heiße Erde über den Topf. Nach 30 – 40 Minuten ist das Brot gebacken.

Noch besser für das Kochen im Freien eignet sich ein Grill, vorausgesetzt Sie haben Holzkohle oder Holz und Zündhölzer im Haus. Da diese Methode den meisten Familienangehörigen vertraut ist, führt es auch zu keiner großen Umstellung der Essgewohn-

31: Camping-Gaskocher
mit 2,5 kg Gasflasche und Grillplatte

32: Zweiflammiger Benzinkocher der Fa. Colemann.
Foto: Fritz Berger Campingbedarf

heiten. Während sich in einem Topf Reis, Kartoffeln oder Nudeln bequem kochen lassen, können auf dem Rost zusätzliche Lebensmittel gegart werden, z.B. Fleisch, Fisch, Würstchen und Maiskolben. Möchte man Teigwaren essen, so werden an den Enden langer Stöcke Salz- oder Zuckerteige aufgespießt und über das Feuer gehalten. Durch langsames Drehen, damit jede Seite gleichmäßig erwärmt wird, entsteht so ein leckerer „Knüppelkuchen".

Wer nach einem Lagerfeuer die verkohlten Holzreste mit Wasser ablöscht und sie in der Sonne trocknet, erhält übrigens wieder eine kleine Menge Holzkohle für den nächsten Grillgang. Dass diese Art zu kochen nicht in geschlossenen Räumen stattfinden darf, erklärt sich eigentlich von selbst – bedarf aber offensichtlich immer wieder der eindringlichen Warnung! Der Mann im sächsischen Struppen, der 2014 an einer Kohlenstoffmonoxid-Vergiftung starb, ist längst nicht das einzige Opfer unsachgemäßer Grillbenutzung. Wegen eines plötzlich einsetzenden Regenwetters verlagerte er seinen Grill kurzerhand in seinen Wohnwagen. Der eintretende Sauerstoffmangel und die freigesetzten Gase (vor allem Kohlenmonoxyd) wurden ihm zum Verhängnis. Dergleichen wiederholt sich alle Jahre wieder, wie man regelmäßig in der Zeitung lesen kann.

Für Bastler und Puristen ist im Sommer das solare Kochen eine weitere Option, vorausgesetzt, Sie verfügen über einen sonnigen Platz auf dem Balkon, und jemanden, der bereit ist, jede halbe Stunde den Herd dem Sonnenstand nachzujustieren.

Um einen Solar-Ofen herzustellen, wird etwas handwerkliches Geschick und Zeit benötigt. Dazu stellt man eine Holzkiste her, in die eine mit Wärmedämmmaterial ummantelte Blechkiste eingesetzt wird. Die Innenseite wird mit hitzebeständiger schwarzer Farbe gestrichen. Die geneigte Öffnung wird verglast (mit einer oder zwei Scheiben) und die Schutzklappe innen mit reflektierender Alufolie beklebt. Die Gesamtkosten für diese Konstruktion, wenn Sie vorhandenes Material nutzen können, liegen bei wenigen Euro. Im Internet und im Buchhandel gibt es eine Menge erprobter Bauanleitungen [27].

Backen im Lehmbackofen

Bild 33

Seit der Jahrtausendwende erfahren Hausbacköfen eine Renaissance. Nachdem sie viele Jahrhunderte dem Backen und Dörren dienten, verschwanden sie in der 2. Hälfte des 20. Jahrhunderts fast vollständig aus den Häusern und Gemeindeplätzen, wurden abgerissen und beseitigt. Heute besinnt man sich wieder auf die natürliche und einfache Art der Essenszubereitung, sei es wegen des natürlichen Geschmacks und nostalgischen Lebensgefühls oder auch nur, um eine Notbackmöglichkeit zu besitzen. Immerhin lassen sich solche durchaus attraktiv aussehende Backöfen mit einfachen Mitteln selbst herstellen. Alles was Sie brauchen sind Lehm, Stroh, Schamottesteine und eine gehörige Portion Zeit, verbunden mit handwerklichem Geschick. Weiterführende Informationen und Bauanleitungen gibt es zum Beispiel unter www.derLehmbackofen.de

Der Dutch-Oven

ist ein schwerer, gusseiserner Topf mit drei Beinen und 400 jähriger Tradition. Er besitzt immer einen flachen Boden und eine leicht nach außen geneigte Wand, damit man darin gut backen und alles leicht entnehmen kann. Der Deckel hat einen erhöhten Rand, um darauf Glut für die Oberhitze zu schichten. Statt der umstrittenen „Antihaftbeschichtung“, wie sie heute bei fast jeder Bratpfanne zu finden ist, wurde das schwere Metall mit Sojaöl eingebrannt. Dadurch erhält er seine tiefschwarze Farbe, die Patina.

Ein Essen aus dem „Feuertopf“ ist ein Erlebnis! Heute wird der Dutch-Oven außer von den Amish People gerne auch von Lagerfeuer-Enthusiasten und Naturfreaks genutzt.

Bild 34

Einmal im Lagerfeuer erhitzt, benötigt ein Dutch-Oven erstaunlich wenig Glut für den Garvorgang. Der eingeschliffene Deckel hält durch sein Gewicht und die exakte Passform den Topf dicht verschlossen. Die Wärme steigt im Topf auf und verteilt sich gleichmäßig. Die Zutaten werden wie bei einem Dampfkochtopf schonend und gleichmäßig zubereitet. Es kann darin geschmort, gekocht, gebacken, gebraten und sogar frittiert werden.

Die Traditionsfirma Lodge stellt noch heute dieses Kochgeschirr in Amerika her. Für das Rohmaterial der Töpfe wird seit jeher ausschließlich reines Eisenerz aus Brasilien verwendet. Ein Dutch-Oven ist somit mehr als nur ein Kochtopf fürs Lagerfeuer. Enthusiasten pflegen mit ihrem Dutch-Oven bis heute ein altes Kulturgut. Und vermutlich wird er länger halten, als Sie alt werden! Bezugsmöglichkeiten & Rezepte: www.venatus.de, D-31167 Bockenem-Hary

VORSICHT AUF OFFENEM FEUER!

Die meisten der modernen Tiegel und Pfannen besitzen innen eine Antihaftbeschichtung. Die Hersteller geben dazu im Kleingedruckten einen Hinweis, bis zu welcher Temperatur die Beschichtungen geeignet sind. Bei einigen sind das nur 180°C. Mit Holz erreichen sie mühelos 800°C! Bei Überhitzung findet eine Zersetzung der Beschichtung statt und es werden für den Menschen giftige Dämpfe freigesetzt.

Die Anwendung ist nicht ganz einfach. Durch die Größe der Kiste ist die Füllmenge bzw. die Topfgröße begrenzt. Um einen Topf mit Speisen zum Kochen zu bringen, benötigt man schon einige Übung und Geduld. Vorausgesetzt, die Sonne scheint, kann man mit so einem Ofen einzelne Essensportionen wie Brötchen, Suppen oder Fertiggerichte aus der Konservendose erwärmen. Vorsicht: Zum Herausnehmen des Topfes bzw. der Lebensmittel benötigen Sie Handschuhe oder einen Topflappen, denn die Temperatur im Innern erreicht durchaus 100°C und mehr.

35: Im Eigenbau hergestellter Solar-Ofen.

Kühlen ohne Strom

Wenn der Stromausfall länger als 1-2 Tage dauert, taut der Tiefkühlschrank oder die Tiefkühltruhe auf und die Nahrungsmittel müssen durch Kochen verwertet oder anderweitig haltbar gemacht werden. Ereilt uns ein Blackout im Winter, kann uns die Haltbarkeit von frischen Lebensmitteln einigermaßen „kalt“ lassen. Bei kühlschrankähnlichen Außentemperaturen sind die Lebensmittel lediglich vor fremdem Zugriff zu sichern.

Abgesehen davon, dass auch andere Menschen Hunger haben, gibt es eine Vielzahl an Tieren, die nachts umherstreifen und Essbares hunderte Meter gegen den Wind riechen. In den Städten können das neben Hund und Katze neuerdings auch Waschbären, Marder, Ratten und Mäuse sein. Auf dem Land kommen u.U. noch Fuchs und Wildschwein dazu. Rehe und Hasen stehen auf Gemüse, Wolf und Luchs auf Frischfleisch und Aas. Am besten, man packt die Lebensmittel in Plastikdosen oder große Töpfe und Eimer und verschließt sie fest mit einem Deckel. Im Winter können Sie Lebensmittel eventuell auch im Kofferraum Ihres Fahrzeuges aufbewahren. Da sind sie ebenfalls sicher vor Tieren. Am Tag hängen Sie die Autofenster mit Decken zu, um ein unnötiges Erwärmen des Fahrzeuges zu vermeiden.

Im Sommer ist das Kühlhalten nicht so einfach. Ohne Kühlschrank verderben manche Lebensmittel innerhalb sehr kurzer Zeit. Die einfachste Maßnahme ist natürlich, alles leicht Verderbliche bald aufzuessen. Obst, Wurst und Gemüse kann man ggf. eingekocht in Einweckgläsern konservieren. Zieht sich der Stromausfall jedoch länger hin und sind Vorräte für einen längeren Zeitraum vorhanden, ist guter Rat teuer. Wohin mit dem Inhalt aus Kühlschrank und Gefriertruhe? Eingeschweißte Lebensmittel kann man einige Zeit in einer Badewanne mit kaltem Wasser lagern. Wer irgendwo Zugang zu einem fließenden Gewässer hat, legt es da hinein. Alles andere lässt sich im kühlen Keller einige Zeit lagern.

Eine Alternative zum Keller ist der Erdkühlschrank. Dazu wird an einem schattigen Ort ein Loch gegraben, mindestens einen Meter tief. Tiefer wäre besser, nur sind da meist die Arme beim Schaufeln und Graben zu kurz. Dann werden die zu kühlenden Lebensmittel in eine Folientüte verpackt und in feuchten Tüchern eingewickelt. Gut ist, wenn man alles in einen Eimer oder Topf mit verschließbaren Deckel legen kann. Das ist wichtig, denn die ersten Erdbewohner, die sich dafür interessieren, werden Ameisen sein, gefolgt von allerlei anderen in der Erde lebenden Tieren, welche durch den Geruch angelockt werden können. Nun versenken Sie den Eimer in die Tiefe und verschließen die Erdöffnung sorgfältig, damit niemand hinein fällt. Noch besser ist das zusätzliche Auflegen eines dicken, mit Wärmedämmstoff gefüllten Sackes (oder eines Einkaufsbeutels mit Erde). So bekommen Sie zum Beispiel Butter über mehrere heiße Sommertage gelagert, ohne dass sie Ihnen davon fließt (Schmelzpunkt >20°C). Unterhalb der Erdoberfläche in etwa 1 m Tiefe (oder tiefer) herrscht Sommers wie Winters eine relativ konstante Temperatur zwischen 6 – 12°C.

Dass Lebensmittel im Kühlen oder Kalten länger halten als im Warmen, leuchtet spontan ein. Mikroorganismen und vor allem Bakterien vermehren sich bei Temperatu-

36: Erdkühlschrank

ren von 15 – 30°C sehr viel schneller als bei Kühlschranktemperaturen (8°C), sowohl die „guten", die beispielsweise Sauerkraut entstehen lassen oder Milch zu Käsespezialitäten veredeln, als auch die unerwünschten, weil schädlichen, wie z.B. Schimmelpilze, welche Lebensmittel verderben. Der Befall muss sich noch nicht einmal am Geschmack oder Geruch bemerkbar machen und kann doch zu Durchfall, Erbrechen und Fieber führen. In extremen Fällen kam es auch schon zu Todesfällen, z.B. durch Salmonellen oder den EHEK-Erreger, der 2011 in Deutschland für Schlagzeilen sorgte.

Bei welchen Temperaturen können Nahrungsmittel gelagert werden? Einige Produkte sind von Natur aus bei normalen Temperaturen sehr lange (mehrere Monate) haltbar, wie Zwiebeln, Äpfel, Kartoffeln, Reis, Nudeln, Mehl. Anderes wie Eingewecktes und Konservendosen, Salz, Essig, Zucker, Getreidekörner, Trockenpulvererzeugnisse, Kaffee und Wein bleiben gefahrlos mehrere Jahre genießbar. Es ist durchaus möglich, von den verschiedenen Lebensmitteln so viel vorzuhalten, das sie etwa 10 – 14 Tage davon zehren können. Natürlich wäre es schön, leicht verderbliche Lebensmittel und Gemüse tiefgefroren (bei -18°C) zu lagern, was aber ohne Strom nicht geht. Deshalb müssen wir uns mit dem Frischhalten von Lebensmitteln zufrieden geben.

Offene und unbehandelte Ware	Höchste Temperatur	Lagerfähig/Haltbarkeit etwa:
Hackfleisch, Schabefleisch	+ 2°C	1 Tag
Hasen, Kaninchen, Geflügel	+ 4°C	1 – 2 Tage
Fleisch und Wursterzeugnisse	+ 7°C	3 – 4 Tage
Räucherfisch	+ 7°C	8 Tage (Kaltgeräuchertes bis 14 Tage)
Obst & Gemüse	+ 7°C	1 – 2 Wochen
Rohmilch	+ 8°C	2 – 3 Tage
H-Milch	+ 8°C	2 – 3 Tage (ungeöffnet bis 3 Wochen)
Hühnereier	+ 8°C	28 Tage, zum Kochen, Backen ca. 40 Tage
Milchprodukte, Käse, Butter	+ 10°C	2 Tage (Joghurt) bis 12 Wochen (Butter)
Schokolade	+ 18°C	6 Monate

Tabelle 3 stellt eine Orientierungshilfe dar. Vorschriften zur Lebensmittelhygiene finden sich in der Lebensmittelhygiene-Verordnung (LMHV) sowie in einer Vielzahl von Qualitätsanforderungen, die über Fachquellen abrufbar sind.

Für den Campingbereich werden (Absorber-) Kühlschränke angeboten, die wahlweise mit 12 V Gleichspannung, 230 V Wechselspannung und mit (Propan-) Gas betrieben werden können. Das Prinzip des „Kühlens mit Gas“ ist nicht neu. Erste gasbetriebene Kühlschränke gab es bereits ab 1925 im Handel. Da die Gasbrenner regelmäßig gereinigt werden müssen und der thermische Antrieb einen schlechteren Wirkungsgrad aufweist, haben sich die strombetriebenen Kühlschränke durchgesetzt. Heutzutage sind viele Camping-Kühlschränke so gebaut, dass sie mit einem 12 V-Autoakku betrieben werden können (ggf. versorgt durch ein Solarpanel) und sich bei fehlender Sonne problemlos auf Gasbetrieb umstellen lassen.

Kühlschränke gibt es in verschiedenen Größen. Einer mit 80 Liter Rauminhalt nimmt elektrisch etwa 130 W auf und verbraucht bei Gasbetrieb etwa 335 g Propan in 24 h. Mit einer handelsüblichen 11 kg Propangasflasche lässt sich der Kühlschrank so etwa einen Monat lang betreiben. Speziell für Entwicklungsländer, in denen Flaschengas knapp ist, gibt es auch Kühlschränke, die mit Petroleum betrieben werden.

TIPP *Wenn in Krisensituationen die kontinuierliche Kühlung oder Frostung von Lebensmitteln nicht mehr durchgehend gewährleistet ist, sollten Sie Lebensmittel vor dem Verzehr mindestens 10 Minuten über 70°C erwärmen.*

Leider kann durch Kühlung die Vermehrung von Verderbniserregern nur verlangsamt, nicht aber unterbunden werden. Vernachlässigen Sie daher auf keinen Fall die Küchenhygiene. Reinigen Sie alle Aufbewahrungsdosen gründlich, genauso wie Besteck, Abwaschbecken, Schneidebrettchen und Kühlfächer. Nach einer Untersuchung der Ablaufrinnen an Kühlschrank-Rückwänden lebten darin durchschnittlich 11,4 Millionen Keime pro Quadratzentimeter. Das sind 400mal mehr als auf einem durchschnittlichen Toilettensitz [(17)].

Heizen ohne Strom

Ein längerdauernder Blackout im Winter ist zweifellos eine der härtesten Szenarien. Denn mit dem Stromausfall schalten auch sofort unsere modernen Heizsysteme ab, da weder Umwälzpumpe noch Steuertechnik funktionieren. Hält dieser Zustand nur ein paar Stunden an, ist das nicht weiter tragisch. Bei niedrigen Außentemperaturen beginnen die Räume nach vier bis acht Stunden merklich auszukühlen. Bei starkem Frost wird es drinnen spätestens nach zwei Tagen sehr ungemütlich. Bei anhaltender Kälte droht das Wasser in der Trinkwasserleitung ebenso wie das Wasser in den Heizungsrohren einzufrieren. Weil sich Wasser beim Gefrieren um ca. 10% ausdehnt, können die Leitungen platzen oder aufreißen. Eine Wiederinbetriebnahme wäre dann unmöglich. Ohne Gegenmaßnahmen wird die Wohnung zur ungemütlichen Eisgrotte. Wer beizeiten wenigstens eine leichte Temperierung der Räume hinbekommt, hat gewonnen. Wer an eine Fernheizung angeschlossen ist oder zur Miete in einem größeren Wohnhaus wohnt, hat u.U. wenig Alternativen und muss sich möglicherweise den Umständen beugen.

Wenn die Räume eine Temperatur von wenigstens einigen Grad über Null halten und trocken bleiben, schützen sie vor dem sicheren Kältetod. Gibt es keine ausreichende Heizmöglichkeit mehr, ziehen Sie rechtzeitig dicke Kleidung an. Gut geeignet sind Skianzug, Mütze, Schal, Handschuhe und zwei Paar übereinander gezogene Strümpfe. Schlafen Sie in Schlafsäcken oder unter dicken Bettdecken und mehreren zusätzlichen Decken. Solange der Körper nicht unterkühlt, bleiben Sie gesund und mobil. Sie sind in der Lage, für sich selbst zu sorgen, Holz zu sammeln und zu hacken, eine Feuerstätte anzulegen, ggf. provisorische Leitungen zu ziehen oder kleinere Reparaturen durchzuführen. So bleiben Sie in Bewegung und dadurch auch warm.

Es gibt aber eine Reihe von Möglichkeiten, um wenigstens einen Raum der Wohnung oder des Hauses zu heizen und die übrigen frostfrei zu halten und damit auch ein Einfrieren von Wasserleitungen zu verhindern. Auf jeden Fall muss Brennstoff in irgendeiner Form zur Verfügung stehen. Die naheliegendste Möglichkeit ist der holzgefeuerte Kaminofen, ein Küchenofen oder ein Kachelofen. Der beste Platz für die Heizquelle ist die Küche (oder der angrenzende Wohnraum), denn da lauert neben dem Bad die größte Gefahr, dass in frostigen Zeiten Wasserleitungen einfrieren. Auf einem Küchenherd lassen sich zudem noch Speisen kochen und heißes Wasser für Tee und Kaffee zubereiten. Moderne Feststofföfen lassen sich zudem wahlweise mit Pellets oder Scheitholz beheizen. Wer zur Miete wohnt, sollte sich beim Vermieter erkundigen, ob das Aufstellen und der Betrieb eines Feststoffofens zulässig und möglich ist.

Durch den Betrieb eines Ofens mit Schornsteinanschluss entstehen allerdings gewisse Kosten. Die Überprüfung und Reinigung des Kamins durch den Schornsteinfeger zweimal im Jahr ist Pflicht und kostet rund 80 €/Jahr, auch wenn Sie den Ofen nur für den Notfall verwenden wollen. Für ausreichend Luftzufuhr zum Ofen ist zu sorgen. Denn das Feuer entzieht dem Raum Sauerstoff, der durch Frischluftzufuhr ersetzt werden muss. Während die Undichtigkeit alter Holzfenster so groß war, dass stets ausreichend Frischluft nachströmen konnte, muss bei modernen dicht schließenden Fenstern und im Energiesparhaus eine ausreichende Frischluftzufuhr sichergestellt werden. Fragen Sie daher am besten den Schornsteinfegermeister, der Ihnen wertvolle Hinweise zu den möglichen Lösungen geben kann. Eine Heizung mit Festbrennstoffen benötigt zudem Platz für den Brennstoff. Frisches Holz sollte mindestens zwei Jahre trocken gelagert werden. Ansonsten bietet der Baumarkt Kaminholz und Holzbriketts an. Kohle ist schmutzig und schwer, wenn man sie über mehrere Etagen nach oben schleppen muss. Dafür bringt Kohle mehr Wärme pro Volumeneinheit als Holz und liefert diese über einen längeren Zeitraum, so dass nicht dauernd nachgeladen werden muss. Der Ofen muss jedoch für die Feuerung mit Kohle ausgelegt und zugelassen sein. Ein Festbrennstoffofen hat zudem den Vorteil, dass in großer Not auch andere brennbare Stoffe verheizt werden können.

Wer keinen Schornstein zur Verfügung hat, kann in Notzeiten mit etwas handwerklichem Geschick ein passendes Blech als Ofenrohrdurchführung anfertigen, welches in ein Fenster eingesetzt wird. Das Ofenrohr wird dann durch das Blech nach draußen und dort als Notschornstein ein Stück weit nach oben geführt.

37: Ein holzbefeuerter Kaminofen kann im Wohnraum durchaus die Heizung ersetzen.

Gas-Ofen

Vielerorts sind Gasheizungen mit Stadtgas oder Erdgas, sogenannte Wandthermen, als Wohnungsheizung eingebaut. Sie benötigen keinen Schornstein, sondern lediglich eine Abgasleitung nach draußen. An Stelle des Erdgases, welches in Krisenzeiten möglicherweise nicht lange zur Verfügung stehen wird (die strategische Erdgasreserve in Deutschland beträgt 1/6 des Jahresverbrauchs, reicht also für 60 Tage), können Wandthermen ebenso wie andere Gasöfen durch Auswechseln der Gasdüse auch auf Propan- oder Butangas umgestellt werden. Propan-/Butangas ist in fast jedem Baumarkt und beim Camping-Ausstatter erhältlich und kann auf Vorrat gelagert werden. Es besteht nicht die Gefahr einer Verschmutzung durch Verschütten wie bei Heizöl. Allerdings wird auch die Wohnungsheizung mit Gastherme bei Stromausfall ihren Dienst versagen, weil Steuerung und Umwälzpumpe ohne Strom nicht funktionieren. Um sie zu betreiben, ist eine Form der Notstromversorgung nötig, wie sie im Folgenden noch beschrieben wird.

Als stromunabhängige Gasöfen bleiben nur die sogenannten Katalytöfen, bei denen das Gas ohne offene Flamme an einem Katalysatormaterial oxydiert, d.h. verbrennt. Da bei der Verbrennung des Gases Wasserdampf entsteht und Sauerstoff verbraucht wird, sollten Katalytöfen nur in gut belüfteten Räumen eingesetzt werden. Deshalb werden diese Öfen hauptsächlich im Campingbereich, in Gartenlauben oder auf Baustellen eingesetzt. Obendrein bergen diese Geräte bei unsachgemäßer Anwendung auch erhöhte Brandrisiken.

TIPP *Das Gewicht der leeren Gasflasche ist unter „Tara" auf dem Behältertypenschild aufgedruckt. Mit einer Personenwaage lässt sich das Gesamtgewicht (Flasche + Inhalt) ermitteln. Die Differenz zu Tara ergibt das Gewicht der Gasfüllung. Das Gewicht der Füllung für Butan und Propan ist ebenfalls aufgedruckt. Der ermittelte Inhalt x 100 dividiert durch das maximale Füllgewicht, ergibt die Füllmenge in %.*

38: Propangasflaschen mit 11 kg Füllgewicht und Reserveflasche im Gasschrank draußen.

39: Petroleum-Ofen für den Notfall
Tosai- Tayosan Kero 360, 3 kW Heizleistung
Produktbild: www.petroleumofen.eu

40

TIPP *Ein batteriebetriebener Rauchmelder und ein Feuerlöscher, ggf. auch ein Kohlenmonoxyd-Warner gehören unbedingt zur „Heizungsvorsorge"!*

Petroleum-Ofen

Ein Petroleumofen ist eine interessante Notlösung, denn er benötigt keinen Schornstein. Mit Batterie-Zündung gibt es sie für 2 – 3 kWh Leistung. Für einen Raum oder eine kleine Wohnung ist dies durchaus ausreichend. Im Notfall benötigt man natürlich keine 21°C zum Wohlfühlen, da genügen auch 10 – 15°C zum Überleben! Abgesehen vom Auftanken und einem Dochtwechsel alle 1 – 2 Heizperioden machen solche Geräte recht wenig Arbeit. Moderne Geräte besitzen ein Sicherheitssystem und ein Not-Aus. Sie analysieren die Luftqualität und warnen, wenn der Sauerstoffgehalt in der Wohnungsluft sinkt. In letzter Konsequenz erfolgt eine automatische Abschaltung. Ein Petroleumofen ist weder groß noch schwer und lässt sich daher als Notlösung gut aufbewahren. Auch Petroleum ist lange Zeit haltbar und sollte in entsprechender Menge bevorratet werden. Nachteilig ist der Petroleumgeruch, bei manchen Sorten riecht es im Wohnraum wie in einer Garage. Der Preis von Petroleum beträgt etwa das 2 – 3fache von Öl oder Gas.

Nachteilig bei der offenen Verbrennung von Gas ebenso wie von Petroleum oder Spiritus ist der nicht zu unterschätzende Anteil Wasserdampf, der in die Raumluft gelangt. Bei schlechter Lüftung hat man schnell Kondenswasser an den Scheiben oder bei ausgekühlten Räumen sogar an den Wänden. Bei kurzzeitiger Nutzung wie in einem Krisenfall ist das vielleicht egal, aber wenn über längere Zeit so geheizt wird, muss mit Feuchteschäden und Schimmelbildung gerechnet werden.

Bei der Lagerung von Gasflaschen und brennbaren Flüssigkeiten ist zu beachten, dass die Aufbewahrung in Wohngebäuden nur begrenzt zulässig ist. In der Regel dürfen nicht mehr als eine 16 Liter-Gasflasche (11 kg Flüssiggas) und nicht mehr als 100 l Flüssigbrennstoff im Haus gelagert werden. Genaueres können Sie der Verordnung über Feuerungsanlagen und Brennstofflagerung der jeweiligen Länder (FeuVO) entnehmen. Bei einem länger währenden Krisenszenario dürften Gas und Petroleum im Handel schnell knapp werden.

Eine weitere mögliche Maßnahme, um die Wohnung zu heizen (und den Heizkreislauf frostfrei zu halten), besteht darin, die vorhandene Heizungsanlage zeitweise oder dauerhaft mit Notstrom, d.h. mit selbst erzeugtem Strom zu versorgen. Bei Öl- und Gasheizungen benötigt nicht nur der Wärmeerzeuger, z.B. ein Gebläsebrenner, elektrischen Strom, sondern vor allem die Heizungssteuerung und die Umwälzpumpe. Bei Anlagen ohne Gebläsebrenner ist die Leistungsaufnahme nicht sehr hoch, sie liegt je nach eingebauter Pumpe bei moderaten 30 – 120 Watt. Diese elektrische Leistung muss bereitgestellt werden.

Wo kann der Strom der Heizung zugeführt werden? Vorgelagert vor jeder modernen Heizungsanlage befindet sich immer ein Heizungs-Not-Aus Schalter. Dieser Hauptschalter liegt in der Zuleitung zwischen Sicherungskasten und Heizkessel und befindet sich fast immer an der Außenseite des Heizraumes, neben der Heizraumtür. Vor diesem Hauptschalter wird nun ein 3-poliger Umschalter (bei Wechselstrom) eingebaut, und zwar wie in der Zeichnung (Abb. 41) angegeben.

An die Anschlüsse in Stellung I wird die Zuleitung vom Sicherungskasten geklemmt, an die Klemmen der Stellung II wird ein Anbaustecker angeschlossen (keine Steckdose!). Fertig! Solange sich der Schalter im Dauerbetrieb in I-Stellung befindet, bleibt der Anbaustecker spannungsfrei.

VORSICHT!

Arbeiten an der elektrischen Anlage überlassen Sie dem Fachmann. Ein fehlerhafter Anschluss kann lebensgefährliche Folgen haben!

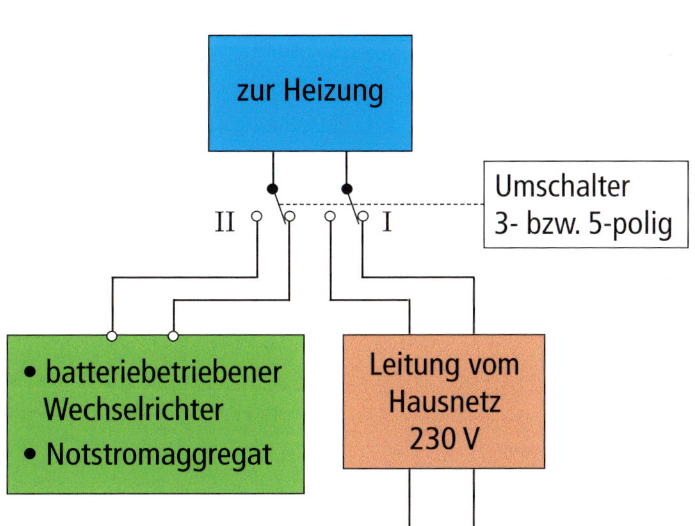

41: Notstromversorgung der Heizung durch Einbau eines mehrpoligen Umschalters

Mit dieser Schaltungsänderung sind Sie in der Lage, im Notfall auf die II-Stellung umzuschalten und die Heizung allpolig vom Leitungsnetz zu trennen, so dass auch bei plötzlicher Rückkehr der Netzspannung keine Gefahr besteht. Über den Anbaustecker in der Stellung II lässt sich nun eine äußere Spannungsquelle mit 230V Wechselstrom anschließen. Den Strom kann z.B. ein batteriegespeister Wechselrichter liefern, wobei die Batterien über eine Photovoltaikanlage geladen werden, oder ein kleines benzingetriebenes Notstromaggregat. Angeschlossen wird die Heizung über eine ganz normale Verlängerungsleitung.

Moderne Heizungsanlagen benötigen nur wenige 100 Watt für die Steuerung und die Umwälzpumpe. Ein Heizöl-Gebläsebrenner benötigt zum Zünden etwas mehr. In Krisensituationen reicht es schon aus, wenn es auf diese Weise gelingt, die Heizung täglich ein paar Stunden laufen zu lassen. Was es beim Einsatz eines Notstromaggregates oder eines batteriegespeisten Wechselrichters zu beachten gibt, finden Sie in Kapitel 5.

Als weitere Möglichkeit, das Einfrieren einer Heizung zu vermeiden, könnte man den Zusatz von Gefrierschutzmittel in den Heizungskreislauf in Erwägung ziehen, ähnlich wie der Kühlkreislauf beim Auto, bei dem das Wasser-Frostschutz-Gemisch auch bei eisiger Kälte nicht einfriert. Mit Gefrierschutzmittel in den Leitungen können Sie in Ihrem Haus auch Heizkreisläufe abdrehen, die Sie nicht unbedingt benötigen. Damit sparen Sie wertvolle Energie, denn in Krisensituationen kann es ausreichen, ein bis zwei Räume zu heizen. Zweckmäßigerweise sollten das die Räume sein, in denen sich auch Wasserleitungen befinden, wie zum Beispiel die Küche und das Bad. Praktisch ist diese Maßnahme auch, weil Sie so beispielsweise Ihr Eigenheim für mehrere Tage oder Wochen zum Winterurlaub verlassen und die Heizung abstellen können. Sie sollten dann allerdings die Trinkwasserleitungen und den Warmwasserspeicher entleeren, damit es nicht dort zu Schäden kommt. Denn ohne Strom wird auch eine so ausgestattete Heizung nicht laufen, weil Umwälzpumpe und Heizungssteuerung versagen – egal ob mit oder ohne Frostschutzmittelzusatz.

TIPP *Das Anreichern Ihres Heizungskreislaufes mit Gefrierschutzmittel verändert die Viskosität des Wassers bzw. der Mischflüssigkeit, was zu veränderten Strömungsverhältnissen in Kreislauf führt. Daher ist die Umrüstung eine Arbeit für den Heizungsmonteur. Mit einem speziellen Aerometer, das nur wenige Euro kostet, können Sie die Wirksamkeit des Frostschutzes überprüfen. Da die Maßnahme in Krisensituationen nur bedingt weiterhilft und z.T. erhebliche Mengen an Frostschutzmittel zugesetzt werden müssen, sollte sie nur in begründeten Ausnahmefällen realisiert werden!*

Die Kommunikation

In Notzeiten ist es sehr wichtig, Informationen über das regionale und überregionale Geschehen zu bekommen. Nichts ist schlimmer, als im Ungewissen verharren zu müssen. Sitzen Sie einmal fest und können Sie das Haus nicht mehr verlassen, wie es in einigen Ortschaften während der letzten Hochwasserflut geschah, ist es mehr als wichtig, Kontakt zur Außenwelt zu halten, und zwar in beide Richtungen. Die Informationen von außen sind bedeutend, um die Lage und aktuelle Entwicklungen richtig einschätzen zu können: Weiß jemand über die Notsituation Bescheid? Wird Hilfe organisiert? Wie lange wird es dauern, bis sie eintrifft? Antworten auf diese und weitere Fragen werden Ihre Ängste und Befürchtungen etwas beruhigen können. Bleiben sie aus, kommt schnell Unruhe und Panik auf. Nicht alle Menschen sind geduldig. Auch die Informationen zum direkten Umfeld: „Wie geht es meinen Freunden und Verwandten?" sind emotional wichtig. „Wo bleiben mein Partner und meine Kinder? Wie kann ich denen mitteilen, dass es mir gut geht?" Fehlende Informationen dazu wirken gerade in Krisensituationen sehr beunruhigend. Andererseits hat auch die Außenwelt hat ein großes Interesse, Näheres über die Zustände im Krisengebiet zu erfahren. Nur so können Rettungskräfte und Hilfsorganisationen angemessen reagieren. Doch wie soll das ohne Strom gehen?

Inzwischen sind Multimedia-Tablets und Smartphones für uns die Fenster zur Welt und wichtige Kommunikationskanäle geworden. Man benutzt sie zum Chatten, Bloggen, Posten, Mailen, für SMS und Internetsuche und manchmal auch zum Telefonieren. Zudem gibt es noch soziale Netzwerke und Entertainmentanbieter. Wer all diese Nutzungen während eines Stromausfalls beibehält, hat innerhalb weniger Stunden die Akkus seiner Geräte geleert. Externe Stromspeicher wie eine „Powerbank" oder Ladegeräte mit Solarzellen und USB-Anschluss können bei sparsamem Gebrauch den Strombedarf für die Kommunikation decken und lassen sich z.B. über ein Solarpanel am Tage wieder aufladen.

Die Handyverbindungen selbst funktionieren in aller Regel noch recht gut, weil die Telefonsysteme über eigene Stromversorgungen und Notstromeinrichtungen verfügen. Ist der nächste Sendemast jedoch erst einmal ausgefallen, geht auch kein Handy in der betreffenden Funkzelle mehr. Manchmal hat man Glück, wenn man ein höher gelegenes Gebiet aufsucht, also einen Berg, eine Anhöhe oder ein Hochhaus. Von dort aus haben die Funkwellen eine größere Reichweite und man kann unter Umständen den übernächsten Einwahlpunkt des Netzbetreibers erreichen. Vermutlich werden aber die Kanäle recht schnell belegt sein. Da Rettungskräfte und Notrufdienste Vorrang haben, werden normale Gesprächsverbindungen schwer aufzubauen sein, wie die eigene Erfahrung bei der Jahrhundertflut in Sachsen 2002 zeigte. Als eine der empfindlichsten Vermittlungspunkte der Telekom in den Fluten versank, waren weder Telefon noch Handy zu nutzen. Erst nach einem Fußmarsch zu einer etwa drei Kilometer entfernten Anhöhe gelang der Verbindungsaufbau zu einem Netzbetreiber, was jedoch auch nicht viel nützte, denn die Kanäle waren ständig überlastet und eine Verbindung kam nur selten zustande. Der einzige Lichtblick war: Ich konnte einige SMS-Nachrichten absetzen (WhatsApp u.ä. gab es noch nicht) und bekam irgendwann auch Antworten.

Inzwischen ist der digitale Behördenfunk BOS für Polizei, Feuerwehr, Rettungskräfte und Katastrophenschützer eingeführt und zu einem leistungsstarken Kommunikationsmittel für alle Ordnungs- und Einsatzkräfte ausgebaut. Dadurch sollten die Frequenzbereiche und Kanäle für die normale Handy-Kommunikation entlastet werden. Amtliche Gefahrenhinweise werden heute auch über das Internet verbreitet, so z.B. die Gefahrenhinweise des BBK unter www.bbk.bund.de. Dann gibt es neuerdings auch NINA, BIWAPP und verschiedene andere Warnapps: NINA ist die Notfall-Informations- und Nachrichten-App des Bundesamtes für Bevölkerungschutz und Katastrophenhilfe (BBK) und warnt deutschlandweit vor Gefahren, wie z.B. Unwettern, Hochwasser und anderen sogenannten Großschadenslagen. Die App dient der Warnung der Bevölkerung in ganz Deutschland und ist vollständig in das Modulare Warnsystem (MoWaS) von Bund und Ländern integriert. Mit NINA sind Sie stets über Gefahren informiert, denn die Push-Funktion macht Sie auf aktuelle Warnungen aufmerksam. Ereignisbezogene Verhaltenshinweise und allgemeine Notfalltipps von Experten sollen dabei helfen, auf mögliche Gefahren angemessen zu reagieren. NINA kann über iTunes sowie im Google Play Store kostenlos geladen werden. Für andere Betriebssysteme steht unter www.warnung.bund.de eine Website zur Verfügung, die für die mobile Nutzung optimiert wurde und die Sie wie NINA über alle aktuellen Warnungen in Deutschland informiert. Die aktuellen Wetterwarnungen des Deutschen Wetterdienstes sowie die Pegelstände der deutschen Wasser- und Schifffahrtsverwaltung werden hier ebenfalls veröffentlicht.

Wenn alles versagt, bleibt nur noch die Möglichkeit, Informationen zu empfangen. Sehr hilfreich sind Handys, Smartphones oder mp3-Player mit eingebautem Radioempfänger oder die in jedem Auto vorhandenen Autoradios. Die im Handel angebotenen klassischen batterie- oder solarbetriebenen Weltempfänger nützen heute nur noch wenig, da auf den ehemals wichtigsten Empfangsbereichen Mittelwelle und Kurzwelle

42: Das Smartphon ist mehr als ein mobiles Telefon, sondern universelles Kommunikationsmittel geworden.

43: Das Digitalradio mit UKW, DAB+ und Wlan-Anschluss löst die früheren Weltempfänger mit Kurzwelle zunehmend ab. Produktbild: Fa. Technisat

kaum noch deutschsprachige Sender zu finden sind, obwohl gerade hier die besten Empfangsreichweiten erzielt wurden. Der Empfang auf UKW (auch als FM gekennzeichnet) wird ebenfalls allmählich durch das digitale DAB+ (175 – 239 MHz) ersetzt. Leider ist die Reichweite der Funkwellen in diesen Frequenzbereichen in der Regel auf max. 50 km begrenzt, weil sich diese Funkwellen wie ein Lichtstrahl ausbreiten und sie die Erdkrümmung nicht überwinden können. Hinter dem Horizont wird der Empfang deshalb immer schlechter, also verrauschter. In einem Tal oder hinter einem Berg ist der Empfang sofort passè. Dort, wo die analoge Sendetechnik durch die digitale Übertragung abgelöst wurde, also beim terrestrischen Fernsehen ebenso wie bei Autoradios mit DAB+, gibt es dann nicht mal einen verrauschten Empfang, die Verbindung bricht schlagartig ab, sobald das Signal vom Gerät nicht mehr richtig erkannt wird.

Dagegen liegt die Reichweite auf den Mittelwellenfrequenzen (0,3 – 3 MHz) am Tag bei etwa 300 km. Die Sender wurden jedoch Zug um Zug abgeschaltet, weil die notwendigen Sendeleistungen enorm hoch waren. Noch besser breiten sich die Funkwellen im Bereich der Kurzwellenfrequenzen aus (3 – 30 MHz). Die Reflexionen werden weder von der Erdoberfläche noch in der Ionosphäre stark gedämpft, so dass sich die Funkwellen auch relativ schwacher Sender rund um den Globus ausbreiten können. Dadurch lassen sich weit entfernte Radiostationen und die Signale von Funkamateuren empfangen. Gestört wird dieser Empfang nur bei außergewöhnlichen Sonnenaktivitäten oder bei Gewitter.

Wer eine Satellitenschüssel besitzt, kann Digital Video Broadcasting (DVB-S) empfangen. Internetsurfer können Webradio per Livestream hören, über Kabelanschluss empfängt man das Digital Audio Broadcasting (DAB). Nur leider funktionieren all diese Wege nicht, wenn der Strom weg ist. Auch das kann ein Grund sein, über eine (Not-) Stromversorgung im Haus nachzudenken, die unabhängig vom öffentlichen Netz funktioniert und ihre Energie von der Sonne und vielleicht einer Wärme-Kraft-Kopplungsanlage bezieht.

Wer seine persönlichen Daten nur auf seinem Smartphone oder Rechner oder auf virtuellen Festplatten, in der sogenannten Cloud, in den Tiefen des Webs gesichert hat, sollte überlegen, ob es nicht sinnvoll ist, zusätzlich andere konventionelle Speichermöglichkeiten zu nutzen. Eine gute Alternative ist ein einfaches Telefonbüchlein mit den wichtigsten Verbindungsdaten und natürlich mit den Adressen – selbst gefertigt und von Hand geschrieben. Das bleibt auch ohne Strom erreichbar und weder Internetanbieter, Geheimdienst noch Virenattacken können Ihnen etwas anhaben.

Und wie sieht es mit der lokalen Kommunikation aus? Innerhalb einer Dorfgemeinde oder eines Stadtteiles sollte das kein allzu großes Problem sein. Da ist man schnell zum Nachbarn gelaufen. Wenn die nahen Verwandten aber im übernächsten Dorf wohnen und die Freunde sich außerhalb der Stadtgrenze befinden, kann es schon schwieriger werden. Dann ist es hilfreich, wenn man schon zu normalen Zeiten eine gemeinsame Vereinbarung getroffen hat, wie z.B.: „Man trifft sich am dritten Tag nach Eintreten eines kritischen Ereignisses um 15 Uhr an einem bestimmten Ort. Dann kommt jeder nach dem Blackout um 15:00 Uhr zu dem vereinbarten Parkplatz, sofern man sich nicht auf anderem Wege verständigen konnte. Es bleibt genügend Zeit, um sich zu Fuß auf den Weg zu machen. Im Gepäck befinden sich neben den neuesten Familieninfos auch Zettel und Bleistift für weitere Absprachen, vielleicht auch ein Reiseradio, Batterien, Medikamente, Werkzeuge etc.

Für Städter kann es natürlich auch eine Überlegung wert sein, sich schon in ruhigen Zeiten ein Notquartier, z.B. bei Freunden auf dem Land zu sichern.

Weitere Vorsorgemaßnahmen

Es wurde bereits zu Beginn dieses Kapitels erwähnt, dass für die Notfallvorsorge auch eine gewisse Reserve an Bargeld im Haus sinnvoll sein kann, um unabhängig von Banken und Geldautomaten zu sein und Dinge kaufen oder auch wegfahren zu können.

Der BBK empfiehlt zudem eine Dokumentenmappe anzulegen und diese für den Ernstfall griffbereit zu halten, um z.B. bei Feuer oder schneller Evakuierung alle wichtigen Unterlagen gleich bei der Hand zu haben. Denken Sie beizeiten darüber nach, was für Sie wichtig ist, und stellen Sie alle für Sie wichtigen Dokumente zusammen. Bewahren Sie die Mappe an einem Ort griffbereit in einer Tasche auf. Für den Notfall sollten alle Familienmitglieder über den Standort der Tasche Bescheid wissen.

Ebenso gehört eine Hausapotheke zur Notfallvorsorge. Sie kann außerdem bei alltäglichen Unfällen und Verletzungen in Haus und Garten hilfreich sein, um Verbandszeug o.ä schnell zur Hand zu haben. Bewahren Sie Ihre Hausapotheke in einem abschließbaren Schrank oder Fach auf. Die Medikamente sind regelmäßig auf Haltbarkeit zu kontrollieren. Bei Medikamenten ohne Verfallsdatum hilft es, das Einkaufsdatum zu notieren. Abgelaufene Medikamente gehören entsorgt.

TIPP *Unmittelbar nach dem schweren Erdbeben am 10. Januar 2010 brachen in Haiti sämtliche Strom- und Telefonnetze zusammen. Das gesamte Kommunikationsnetz war ausgefallen. Die wenigen vorhandenen Satellitentelefonverbindungen waren schnell überlastet. Doch in der Region gab es einige wenige Funkamateure. Mit Hilfe von Autobatterien und notdürftig gespannten Drahtantennen gelang es denen, über Kurzwelle Hilferufe und Überlebensnachrichten abzusenden. Kurz darauf nutzten erste Hilfsorganisationen die nach Haiti unterwegs waren, diese Funkbrücke. Dank dieser beherzten Amateurfunker, konnten wichtige Informationen und Organisationsanweisungen an die große Anzahl der Helfer übermittelt werden.*

Etwa dies gehört in die Dokumentenmappe

- Familienurkunden (Geburts-, Heirats- und Sterbeurkunden) bzw. das Stammbuch
- Sparbücher, Kontoverträge, Aktien, Wertpapiere, Versicherungspolicen
- Renten-, Pensions- und Einkommensbescheinigungen
- Qualifizierungsnachweise wie Zeugnisse u.ä.
- Wichtige Verträge, z.B. Mietverträge, wichtige Kaufverträge etc.
- Testament, Patientenverfügung und Vollmachten
- Personalausweis, Reisepass, Führerschein
- Grundbuchauszüge
- Bescheide über empfangene Leistungen und Belege für offene Zahlungsansprüche
- Ggf. Meldenachweise sowie Mitglieds- und Beitragsbücher

Und das gehört in eine Hausapotheke

- persönliche, vom Arzt verschriebene Medikamente
- Erkältungsmittel
- Schmerz- und fiebersenkende Mittel
- Mittel gegen Durchfall, Übelkeit und Erbrechen
- Elektrolyte zum Ausgleich bei Durchfallerkrankungen
- Mittel gegen Insektenstiche und Sonnenbrand
- Fieberthermometer
- Splitterpinzette
- Hautdesinfektionsmittel
- Wunddesinfektionsmittel
- Außerdem das Verbandsmaterial, das in einem Autoverbandskasten (nach DIN 1314) enthalten ist:
- Mull-Kompressen
- Verbandschere
- Pflaster und Binden
- Dreiecktuch

TIPP *Fertigen Sie Kopien wichtiger Dokumente an bzw. fotografieren und scannen sie diese und speichern sie z.B. auf einen Stick ab. Hinterlegen Sie Duplikate bei Freunden, Verwandten, Notaren, Anwälten oder Banken.*

Mentale Durchhaltetechniken

Natürlich können Sie über die hier beschriebenen Vorsorgemaßnahmen, die in erster Linie einen Stromausfall in Betracht ziehen, hinaus weitere Vorkehrungen für die eine oder andere Krisensituation treffen. Ein Blick in die Literatur für Überlebensvorbereitungen und die Ratgeber für „Prepper" zeigen, dass gestählte Einzelkämpfer meist Empfehlungen aussprechen, noch mehr Vorräte anzulegen, sich ein geheimes Fluchtziel aufzubauen, sich „legal" zu bewaffnen (Messer etc.) und die körperliche Verteidigung zu trainieren, um im Ernstfall die vermuteten Übergriffe von Dieben und marodierenden Banden abwehren zu können. Abgesehen davon, dass nicht jeder zum Einzelkämpfer geboren oder berufen ist, dürfte der Ausgang von Verteidigungs- und Kampfhandlungen eher ungewiss sein, was die Sinnhaftigkeit so weitgehender Vorbereitungen grundsätzlich in Frage stellt. Zudem laufen Sie Gefahr, in kriminelle Handlungen verwickelt zu werden, die sie später schwer belasten. Natürlich müssen auch Sie Antworten auf die Frage suchen, wie Sie persönlich mit einer Krise umgehen und die außergewöhnlichen Anforderungen meistern können, selbst wenn Sie auf alle Eventualitäten vorbereitet sind und technisch gesehen Sie nichts erschüttern kann. Wenige Stunden oder auch mal einen Tag ohne Strom zu überstehen, ist meist unproblematisch. Dauert es länger, zehrt es an den Nerven. Wir sind es nicht gewohnt, lange auf vieles Liebgewonnene zu verzichten, schon gar nicht, wenn es unfreiwillig geschieht. Vielleicht hat der eine oder andere diesen Zustand schon mal erlebt, wenn das Handy einen Tag fehlt oder das Auto in der Werkstatt steht und kein Ersatz vorhanden ist. In Krisensituationen reagieren viele Menschen mit einem veränderten Verhalten. Manch einer staunt dann über sich selbst: Sonst zurückhaltende Personen greifen beherzt ein, entwickeln Ideen und beginnen zu agieren, während andere, normalerweise selbstbewusste Persönlichkeiten sich hilflos zurückhalten.

Bei all den äußeren Umständen, die auf Sie einwirken, sollten Sie stets darauf achten, Ihr seelisches Gleichgewicht zu behalten. Das klingt einfach, doch Gefühle lassen sich nicht ohne weiteres steuern. Die innere Einstellung ist daher genauso wichtig wie ein möglichst entspannter Umgang mit der ungewohnten Situation. Verlieren Sie den Mut und die Hoffnung und stehen Sie allem Handeln pessimistisch gegenüber, haben Sie schon verloren. Auch das „sich gehen lassen" oder eine Flucht in Suchtmittel bietet nur vordergründig eine Lösung, die im Übrigen nur in einer intakten Gesellschaft funktioniert, in der andere für Ihr Wohl sorgen. In außergewöhnlichen Situationen klappt das mit Sicherheit nicht mehr, meist auch im normalen Leben nicht. Jeder Mensch erlebt irgendwann Tiefschläge und sollte lernen, damit umzugehen.

In Krisensituationen müssen Sie selbst aktiv werden. Zugegeben, das „aktiv werden" ist nicht einfach und das „wie" hängt stark vom Charakter und Wissensstand eines Jeden ab. Es gibt Denker-Typen, die erst mal alles analysieren und ausdiskutieren müssen. Es gibt die Macher-Typen, die irgendetwas tun müssen, Hauptsache sie können es vermeiden, untätig zu sein. Dann gibt es die Phlegmatiker, die jede Situation durch Abwarten aussitzen, und die Choleriker, die erst mal richtig ausrasten und sofort einen Schuldigen suchen. Doch alles, was Sie brauchen, ist ein klarer Kopf, gesunder Menschenverstand und ein Blick für die Realität, Dinge also, über die jeder Mensch verfügt. Vielleicht können Ihnen die folgenden 3 Gebote helfen, sich auf die ungewöhnliche Situation leichter einzustellen.

Erstes Gebot: Vermeiden Sie, anderen Vorwürfe zu machen. Auch wenn Sie im Recht sind und Sie vielleicht durch das Fehlverhalten eines anderen Menschen in eine Notsituation geraten sind – Vorwürfe helfen an dieser Stelle nicht. Sie verschlimmern nur die Situation, schaffen Frust und Konfrontation. Heben Sie sich kritische Gespräche für später auf, wenn die Krise überstanden ist. In der Regel wird der „Übeltäter" (sofern es einen gibt) selbst dazu beitragen wollen, die Notsituation zu beenden. Und wenn es sich um eine Straftat handelt, dann werden mit Sicherheit andere darüber richten – wenn die Zeit dafür gekommen ist.

Für Sie ist es wichtig, zunächst Konfrontation und Streit zu vermeiden. Ist jemand in Ihrer Gemeinschaft gereizt, zieht es schnell andere mit nach unten. Frust, schlechte Laune und Lustlosigkeit stellen sich ein. In einem solchen Zustand lassen Fehlentscheidungen nicht lange auf sich warten.

Zweites Gebot: Glauben Sie mir: „Es gibt für jede Situation eine Lösung, Sie müssen nur lange genug warten können!" Geduld hilft meist mehr als blinder Aktionismus. Manchmal braucht eine Lösung mehr Zeit oder einen Anstoß von außen. Die besten Ideen kommen selten sofort. Nicht umsonst sagt ein altes Sprichwort: „Abwarten und Tee trinken".

Drittes Gebot: Schließen Sie sich anderen Menschen an. Wohnen Sie allein, dann sprechen Sie Ihre Nachbarn oder Freunde an. Lebt in Ihrer Nachbarschaft ein Single, dann sollten Sie unbedingt auf ihn zugehen. Vergessen Sie alle Vorurteile und alte Streitigkeiten. In der Gemeinschaft lassen sich Probleme leichter bewältigen. Gemeinsam am Grill oder in einem geschützten Raum, vergeht die Zeit schneller. Spielen Sie Karten oder ein Musikinstrument, lassen Sie die Kinder toben oder lesen Sie allen etwas vor, Hauptsache Sie vermeiden kritische Streitgespräche. Dauert ein Blackout länger, ist eine zusammen gewürfelte Gemeinschaft besser geeignet, anstehende Aufgaben zu bewältigen und sich gegen Angriffe herumziehender Banden zu verteidigen.

In jedem Ende steckt die Chance eines Neuanfangs. „Und jedem Anfang wohnt ein Zauber inne, der uns beschützt und der uns hilft zu leben." schrieb Hermann Hesse. Damit Ihre innere Ruhe und Gelassenheit nicht verloren geht, hier einige positive Gedanken, welche Vorteile ein längerer Stromausfall haben kann:

1. Sie sparen Geld. Ein Leben ohne Strom ist billiger als der Normalfall, weil Sie nicht so viel kaufen können und mit weniger auskommen. Außerdem ist Strom im Kostenvergleich aller Energieträger die teuerste Ressource; daher wird auch die nächste Stromrechnung niedriger ausfallen.

2. Sie brauchen auch keinen Elektriker, der Ihre Probleme mit Kabeln, Kurzschlüssen und nicht funktionierenden Geräten behebt. Es brennt kein Leuchtmittel durch und es wird keine Waschmaschine kaputt gehen, weil Sie all diese Dinge nicht benutzen.

3. Sie haben ein gemütliches Zuhause. Statt des monotonen Lichtes Ihrer Energiesparleuchte flackert nun eine Kerze. Ist es nicht einzigartig schön, das warme, natürliche Licht einer Flamme? Die Wände Ihrer Räume verschwinden im dunklen Hintergrund, verlieren ihre Grenzen, Schatten regen Ihre Phantasie an, Inspirationen erfüllen Ihren Geist. Träumen Sie ruhig von alten Zeiten und neuen Abenteuern. Sie können auch neue Urlaubspläne schmieden oder Ihre Gedanken ordnen. Die Kerzen schaffen eine intime Beleuchtung und einen Umgang voller gegenseitiger Vertrautheit.

4. Elektromagnetische Felder können Ihnen nichts anhaben – denn es gibt sie nicht mehr. Es ist zwar sehr umstritten, inwieweit (die von Menschenhand erzeugten) elektromagnetischen Felder auf den menschlichen Organismus negativ einwirken. Bekanntermaßen kommen alle wissenschaftlichen Untersuchungen zu dem Ergebnis, das schlussendlich nicht eindeutig bewiesen werden kann, ob und wie viel schädlichen Einfluss der Elektrosmog auf die Gesundheit hat. Wenn kein Strom mehr fließt, kann kein elektromagnetisches Feld aufgebaut werden und damit gibt es auch keinen Elektrosmog. Je weniger fremde und künstliche Felder im Raum, desto besser. Spüren Sie den freien Raum?

5. Alles wird ruhig, kein Lärm von Arbeitsmitteln, kein Brummen von Computern, kein Rauschen der Klimaanlage, kein Fließgeräusch in den Heizungsrohren, auch das leise Surren des Kühlschrankes ist verschwunden. Auch daran haben wir uns längst gewöhnt. Ist Ihnen schon mal aufgefallen, dass im normalen Leben fast immer irgendwo ein Geräusch zu hören ist, drinnen z.B. das Heulen des Staubsaugers oder das Poltern des Personenaufzuges, draußen der Lärm eines Rasenmähers, einer Kreissäge oder das Knattern einer Kettensäge? Ohne diesen akustischen Müll können Sie den Stimmen der Natur lauschen.

6. Sie finden wieder einen gesunden Biorhythmus. Seit jeher sind Tagesrhythmen, Mondphasen und Jahreszeiten ein wichtiger Bezug für unsere innere Uhr, welche die Körperfunktionen wie z.B. den Blutdruck oder den Hormonhaushalt beeinflussen. Das Steuerzentrum befindet sich in unserem Gehirn und reagiert auf Lichtunterschiede. In unserem normalen Alltag gibt es zahlreiche Einflüsse, die die innere Uhr aus dem Takt bringen. Denken Sie nur an die wesentlich verlängerten Tage durch die künstliche Beleuchtung. Sind solche Einflüsse von Dauer, kann es zu körperlichen und auch seelischen Störungen kommen. Stehen Sie also mit den Hühnern auf und gehen Sie nach Einbruch der Dunkelheit ins Bett. Leben Sie im Einklang mit den natürlichen Rhythmen der Natur. Schlafstörungen, Leistungsabfall oder gar Depressionen werden Ihnen erspart bleiben.

7. Weniger ablenkende Reize schärfen unsere Aufmerksamkeit. Zuhause dominiert das Fernsehprogramm an erster Stelle die Freizeitbeschäftigung (94% der Deutschen [(18)]), ergänzt durch Computer, Mobiltelefon, Spielkonsole, Radio- und Mediaplayer. Diese Medien vereinnahmen unsere Aufmerksamkeit. Nebenbei werden vielleicht noch die Tageszeitung gelesen, Werbeblätter studiert, Textnachrichten und Mails verschickt und telefoniert. Doch seien Sie mal ehrlich: Wissen Sie bei der Vielzahl von Informationen noch, was der Nachrichtenkanal vor drei Tagen berichtete? Können Sie alle Fernsehfilme der letzten Wochen nacherzählen? Und wer will das alles noch wissen und Ihnen zuhören? Je weniger elektronische Unterhaltungsinformationen Sie verarbeiten müssen, desto mehr Zeit bleibt Ihnen für Gespräche mit Ihrer Familie oder Freunden. Ohne Strom bleibt Ihnen mehr Zeit für Gesellschaftsspiele, Musizieren, Sport oder Handarbeit.

8. Sie sind nicht allein. Auch andere Menschen müssen (oder mussten) auf Strom verzichten, in Ihrer Nachbarschaft, vielleicht sogar in der ganzen Stadt. Auch Napoleons Truppen lebten ohne Strom und eroberten halb Europa, genauso wie die hartgesottenen Freibeuter auf den Meeren, auch Goethe, Schiller, Lincoln, Gandhi, Jesus, Buddha, Cleopatra… Und sie haben es alle überlebt…

Man könnte den Eindruck gewinnen, dass das Leben ohne Strom unpraktisch und unbequem ist. Das ist es in der Tat auch! Doch nur, wenn Sie den Unterschied erfahren, werden Sie den Reichtum zu schätzen wissen, den wir mit der gesicherten Netzversorgung täglich genießen dürfen. Für Leser, die diesen Gedanken als zu optimistisch empfinden, empfehle ich folgende Experimente:

- Gönnen Sie sich einen Tag ohne Strom!
- Essen Sie nur von Ihren momentanen Vorräten, die Sie ohne Strom anrichten können.
- Stellen Sie die gesamte mediale Kommunikation ab, kein Radio, kein Fernsehen, kein PC.
- Probieren Sie mal aus, keine Emails zu schreiben und kein Handy zu benutzen.
- Bilden Sie sich darüber eine ernsthafte Meinung.

Wenn Sie die oben genannten Punkte zu 80% erfüllen konnten, dann kommen Sie auch gesund und glücklich durch eine stromlose Zeit.

TIPP *„Gestern fiel urplötzlich der Strom aus. Mein PC stürzte ab. Ich konnte weder Facebook noch Twitter erreichen. Da habe ich mich zwei Stunden mit meiner Familie unterhalten. Scheinen ganz nette Leute zu sein…"*

5 Stromreserven und Ersatzstromversorgung

Erinnern Sie sich noch an die Anfangsgeschichte? Nach dem Stromausfall wurden von den Akteuren einige technische Geräte benutzt, die über Batterien oder Akkus mit Strom versorgt wurden. Das schnurlose Telefon wurde in der Ladeschale ständig geladen gehalten, Nachbars Handy in der Jackentasche und die Stabtaschenlampe mit den Akkus lagerte im Werkzeugkoffer. Während letztere kaum noch Licht abgab, strahlte Hildegards Taschenlampe hell und weit in den Keller hinein. Auch Herberts Smartphone funktionierte lange, bis es ohne Vorwarnung seinen Dienst versagte. Dagegen hielten die Knopfzelle im Autoschlüssel und die Batterie der Armbanduhr ohne Nachladen schon seit Jahren durch. Haben Sie sich schon einmal gefragt, warum das so ist?

Batterien und Akkumulatoren

Batterien und Akkus speichern elektrische Energie in chemischer Form, wieviel hängt von der Größe und Bauart der Batterie bzw. des Akkus ab. Die enthaltene Menge Strom wird als Kapazität bezeichnet. Die Kapazität in Ah (Amperestunden) oder Wh (Wattstunden) gibt an, wie viel Strom ein Verbraucher für wie lange Zeit entnehmen kann.

44 Ein Sammelsurium: Es gibt sehr viele verschiedene Batterieformen und -typen

Eine ideale Batterie gibt es leider nicht: Sie sollte möglichst klein und lange haltbar sein, d.h. lagerfähig ohne Selbstentladung, und eine möglichst hohe Speicherkapazität aufweisen. Weil es derzeit noch keine Batterien oder Akkus gibt, die alle diese Anforderungen gleichermaßen erfüllen, ist die Energiespeicherung immer noch ein großes Forschungsthema. In der Energiewirtschaft greift man, wenn es um die Speicherung sehr großer Energiemengen geht, bisher hauptsächlich auf andere Technologien zurück, wie z.B. Pumpspeicherwerke oder Dampferzeuger. Für die privaten und alltäglichen Nutzungen und die netzunabhängige Stromversorgung im Bereich kleiner Leistungen bleiben wir auf die galvanischen Zellen, also auf Batterien und Akkumulatoren, angewiesen. Bei sachgemäßer Anwendung können sie ein wichtiger Helfer sein, um auch Versorgungsunterbrechungen für eine begrenzte Zeit zu überbrücken.

Um die Eigenschaften von Batterien und Akkus zu verstehen, helfen die folgenden Definitionen und wichtigsten Eckdaten weiter:

- Batterien und Akkus geben grundsätzlich nur Gleichspannung ab. Eine Wechselstrombatterie wurde noch nicht erfunden!
- Die abgegebene Spannung „U“ wird in Volt (V) angegeben. Die Angaben auf einer Batterie beziehen sich immer auf eine volle Batterie. Beim Entladen der Zellen geht die Zellenspannung (1,5 V Nennspannung/Zelle bei vielen Batterietypen) zuerst langsam und bei Ladungsende abrupt zurück.
- Der Entnahme- bzw. Entladestrom I wird in Ampere (A) angegeben. 1000 Milliampere (mA) = 1 A. Je mehr Verbraucher angeschlossen werden und umso leistungshungriger diese sind, umso mehr Strom fließt und wird der Batterie bzw. dem Akku entnommen.
- Die Kapazität „C“ bezeichnet die Ladungsmenge und wird auf dem Akku oft in Ah oder mAh angegeben. Ein Akku mit z. B. 1 Ah kann theoretisch eine Stunde lang ein Ampere Strom bei konstanter (Zellen-)Spannung liefern, oder auch 2 Stunden lang 0,5 A usw. Die Angabe der Kapazität ist wichtig, weil sich daraus errechnen lässt, wie lange ein Verbraucher bei bekannter Stromaufnahme betrieben werden kann (volle Batterie vorausgesetzt).
- Einige Hersteller geben anstelle der Ladungsmenge auch den Energieinhalt in Wattstunden (Wh) an. Die Kapazität in Ah errechnet sich aus dem Energieinhalt in Wh, geteilt durch die Zellenspannung in V. So können Sie die verschiedenen Angaben auf Akkus mit anderen Modellen vergleichen.
- Die Leistung P beschreibt die in einer bestimmten Zeit verrichtete Arbeit oder die verbrauchte Energie, ist somit definiert als Arbeit pro Zeiteinheit. Sie wird in Watt (W) angegeben. 1000 Watt sind 1 Kilowatt (1 kW) und 1000 kW = 1 MW.
  Für Batterien und Akkus eine Leistung anzugeben, macht keinen Sinn, wohl aber für Verbraucher eine Leistungsaufnahme. Wird ein Verbraucher mit 1,2 W Leistungsaufnahme (0,1 A · 12 V = 1,2 W) für 1 Stunde an eine 12 V Batterie angeschlossen, fließt also 1 Stunde lang ein Strom von 0,1 A, wird der Batterie eine Energie von 12 V · 0,1 A · 1 h = 1,2 Wh (Wattstunden) entnommen und eine Ladung von 0,1 Ah.

Bei Haushaltsgeräten, Motoren und vielen anderen elektrischen Geräten ist die Leistungsaufnahme des Gerätes auf dem Typenschild angegeben.

Mit diesem Wissen können Sie nun eine Menge anfangen. Wollen Sie z.B. wissen, wie lange eine 12 V-LED-Leuchte mit 10 W Leistungsaufnahme an einem 12 V Akku mit 2500 mAh Kapazität leuchten kann, rechnen sie folgendermaßen:

- Die Stromaufnahme der Leuchte beträgt I = 10 W / 12 V = 0,83 A
- Um die Brenndauer zu ermitteln, ist die Kapazität durch die Stromaufnahme zu teilen:
- Brenndauer = 2,5 Ah / 0,834 A = 2,99 h.
- Die LED-Leuchte wird also etwas weniger als 3 Stunden brennen, danach ist die Batterie entladen.

In der Praxis wird die Leuchte wahrscheinlich noch etwas früher ausgehen, weil sich oft nicht die gesamte Kapazität der Batterie nutzen lässt. Für die Praxis ist diese Berechnung jedoch ausreichend.

Typbezeichnung	**Micro**	**Mignon**	**Baby**	**Mono**	**Block**
Nach ANSI	AAA	AA	C	D	9 V
Nach ISO/IEC-Norm	HR03	HR6	HR14	HR20	9 V
Bei Alkali-Mangan	LR3	R6	LR14	LR20	6F22
bei NiMH	HR3	HR6	HR14	HR20	-
bei NiCd	KR03	KR6	KR14	KR20	-
Sonderformate: Mini (AAAA), Flachbatterie (3LR12, 3R12), 23A-Batterie (1811A)					

Tabelle 4: Batterie-Bezeichnungen im Sprachgebrauch und nach ANSI, ISO/IEC-Norm

Die Hintereinander-Schaltung mehrerer Zellen (stets +-Pol der einen mit dem –-Pol der nächsten Zelle verbinden) nennt man „Reihenschaltung". Die Zellenspannung wird vervielfacht, die Kapazität bleibt unverändert (sofern alle Zellen die gleiche Kapazität haben). Aus sechs 1,5 V Einzelzellen entsteht eine 9 V Batterie, aus 8 Zellen in Reihe eine 12 V-Batterie.

Bei der Parallelschaltung mehrerer Zellen vervielfacht sich die Kapazität der Zellen bei gleichbleibender Zellenspannung. Die Parallelschaltung ist aber nicht unproblematisch, denn verliert eine Zelle vorzeitig ihre Ladung oder werden Zellen unterschiedlicher Kapazität parallel geschaltet, besteht die Gefahr, dass sich die starken Zellen über die schwache Zelle mit der geringeren Ladung (und etwas niedrigeren Zellenspannung) entladen. Noch gefährlicher ist ein innerer Kurzschluss einer Zelle, der die gesamte Energie aller Zellen aufnimmt. In dem Falle würde die Zelle schnell sehr heiß werden, was zum Brand führen kann. Um diesen Fall zu vermeiden, werden in der Praxis Schutzschaltungen und Sicherungen eingesetzt.

Batterie oder Akkumulator?

Oft stellt sich die Frage, ob eine Batterie oder eher ein Akkumulator (auch Akku genannt) die bessere Lösung bzw. Energiequelle ist? Akkus lassen sich immer wieder aufladen, manche Typen bis zu 1000 mal, während eine leere Batterie nach Entladen entsorgt werden muss. Fährt man da nicht mit einem Akku generell besser?

Im Prinzip ist das richtig: Das mehrfache Nachladen eines Akkus ist auf Dauer preiswerter als der regelmäßige Neukauf einer Batterie. Doch die Unterschiede liegen in der Selbstentladung. Batterien lassen sich wesentlich länger lagern als Akkus, da sie in einem Jahr nur etwa 1 – 4% ihrer Kapazität (typabhängig) verlieren. Akkus dagegen entladen sich wesentlich schneller. Ein Bleiakku ist schon nach etwa drei Monaten entladen, auch wenn kein Verbraucher angeschlossen ist.

Batterien sind also nützlich, wenn Stromreserven auf lange Sicht gelagert werden sollen und nur wenig Energie verbraucht wird. Beispielsweise wird in Fernbedienungen oder Uhren nur sehr wenig Energie verbraucht. Daher funktionieren diese Geräte meist mehrere Jahre lang problemlos mit ein und derselben Batterie. Akkus dagegen entladen sich selbst, sind jedoch leistungsfähiger und lassen sich ständig nachladen.

45: Normale Alkali-Zellen der Größe AA

46: Lithium-Batterien kosten etwa 3 mal soviel, haben aber die achtfache Kapazität.

WICHTIG *Batterien eignen sich zur Lagerung, z.B. um eine Notfalltaschenlampe lange Zeit in Bereitschaft zu halten. Auslaufende Batterien sind gefährlich. Batteriesäure ist giftig und kann zu Verätzungen führen.*

Daher finden sie Verwendung in Mobiltelefonen, Laptops, elektrischen Zahnbürsten usw., aber auch in Fahrzeugen als Starterbatterie und als Pufferspeicher in Solar- und Windenergieanlagen.

Batterien

Ein nicht wieder aufladbares galvanisches Element wird Batterie genannt, auch wenn das Wort allgemein für die Zusammenschaltung mehrerer Zellen steht, eben für eine Batterie von Zellen. Die Zelle ist die kleinste galvanische Einheit. Schließt man an die Kontakte einen Verbraucher an, kommt eine chemische Reaktion in der Zelle in Gang und bewirkt einen Stromfluss. Mit einem Spannungsmesser kann man die Zellspannung messen. Der Stromfluss hält so lange an, bis die Materialien für die stromerzeugende chemische Reaktion im Inneren verbraucht sind. Die Batterie ist dann „leer".

Mit steigender Temperatur steigt auch die tatsächlich verfügbare Kapazität etwas. Deshalb hilft es manchmal, eine scheinbare leere Batterie über einem Heizkörper leicht zu erwärmen (Vorsicht, Auslaufgefahr!). Sie setzt dann noch für kurze Zeit Energie frei. Bei Fernbedienungen reicht es oft schon, die Batterien kurz in der Hand zu reiben.

Einige gebräuchliche Batterien seien hier kurz vorgestellt:

- Die **Zink-Kohle-Batterie** war früher lange Zeit die klassischen Batterie im Handel, am bekanntesten vielleicht die 4,5 V-Flachbatterie aus 3 hintereinandergeschalteten Zellen der Größe AA. Die Nennspannung liegt bei 1,5 V pro Zelle, die Zellenkapazität beträgt ca. 1,2 Ah. Die Selbstentladung bei Zimmertemperatur liegt bei ca. 0,6% pro Monat. Die Zellen sind nicht wiederaufladbar und im entladenen Zustand nicht auslaufsicher. So mancher hat mit auslaufenden Batterien schon seine Taschenlampe „versaut". Wegen ihrer Unwirtschaftlichkeit sind Zink-Kohle Batterien kaum noch auf dem Markt.

- Die **Zinkchlorid-Batterie** verdrängte bald die Zink-Kohle-Batterie und war lange Zeit bis Mitte der 1970er Jahre der meistverkaufte Batterietyp. Heute wird sie mehr und mehr durch die Alkaline-Batterie abgelöst. Die Zellenspannung beträgt 1,5 V, sie ist ebenfalls nicht wiederaufladbar.

- Die **Alkaline-Batterie** ist derzeit die meist verkaufte Batterie und kam 1992 auf dem Markt. Sie ist bekannt als AA- bzw. AAA-Rundzelle mit einer Nennspannung von 1,5 V/Zelle. Kennzeichen: „Alkaline" bzw. „Alkali-Mangan". Die Kapazität liegt je nach Hersteller bei etwa 2,7 bis 3 Ah. Die Selbstentladung bei Zimmertemperatur ist gering und liegt im Allgemeinen bei 0,3% pro Monat. Dadurch sind sie sehr lange lagerbar, weshalb sie gern in Unterhaltungsgeräten, Taschenlampen und Blitzlichtgeräten verwendet werden. Die meisten Alkali-Mangan-Batterien lassen sich mit speziellen Ladegeräten 3- bis 10-mal auffrischen.

TIPP *In Geräten mit mehreren Batterien niemals unterschiedliche Batteriesorten mischen! Andernfalls kann sich die Batterie mit der höheren Kapazität über die schwächeren Batterien entladen, was zu ihrer Zerstörung führen kann.*

- Von den modernen **Lithium-Batterien** gibt es verschiedene Typen, die sich durch die zum Einsatz kommenden Reaktionspartner und – davon abhängig – der Zellenspannung unterscheiden. Die Nennspannung reicht von 1,8 V ($LiFeS_2$) bis 3,7 V ($LiSOCl_2$) pro Zelle. Hier hat schon eine Knopfzelle eine Kapazität etwa 100 mAh. Typische Anwendungen sind die Knopfzellen in Uhren und die Fotobatterien. Lithium-Batterien sind nicht wieder aufladbar.

- Die **Lithium-Eisensulfid-Batterie** (LiFeS2) ist seit etwa 1992 als AA-Rundbatterie und seit 2004 auch als AAA-Rundbatterie im Handel erhältlich. Die Zellenspannung liegt bei 1,5 V. Die Kapazität einer AAA-Batterie liegt bei etwa 3 Ah. Laut Hersteller ist die Selbstentladung so gering, das eine volle Batterie länger als 10 Jahre gelagert werden kann. Da bei einem Kurzschluss ein sehr hoher Strom fließt, kann die Zelle extrem heiß werden. Zum Schutz der Zellen bauen die Hersteller meist einen Thermowiderstand ein, der wie ein Schalter funktioniert. Das muss man wissen, denn wenn die Batterie durch ihre Umgebung sehr stark erwärmt wird, steigt auch der innen liegende Thermowiderstand und die Kapazität nimmt schlagartig ab. Die Batterie scheint dann leer zu sein, doch kehrt sie bei Abkühlung zu ihrem letzten Ladezustand zurück. Sie kann also weiter verwendet werden.

- Die **Nickel-Oxyhydroxid-Batterie** gibt es erst seit 2004 als nicht wieder aufladbare Rundbatterie in den Größen AA und AAA. Wegen der Nennspannung von 1,7 V ist sie nur in Elektrogeräten mit Spannungsregelung einsetzbar. Wegen ihrer hohen Kapazität eignet sie sich z.B. zum Antrieb kleiner Motoren.

ACHTUNG GEFAHRGUT *Werden Lithium-Batterien fallen gelassen, zerdrückt oder tritt ein Kurzschluss auf, kann dies zu gefährlich hohen Temperaturen führen und leicht brennbare Gegenstände in Brand setzen. Für den Transport und Versand dieser Batterien gelten daher besondere Sicherheitsbestimmungen.*

Akkumulatoren

Im Gegensatz zu den Batterien handelt es sich beim Akkumulator um galvanische Zellen, die mehrfach wiederaufgeladen werden können, da der chemische Prozess im Innern reversibel ist. Der älteste und wohl bekannteste Akkutyp ist der Bleiakkumulator. Er wurde im Jahr 1854 von dem deutschen Physiker Wilhelm Josef Sinsteden erfunden und bis heute ständig weiter entwickelt.

Bleiakkumulatoren

Der klassische Bleiakkumulator besteht aus einem säurefesten Gehäuse und dicht ineinander geschachtelten Elektrodenplatten aus Blei. Dazwischen befinden sich Separatoren (Abstandshalter), die ein gegenseitiges Berühren der Platten (innerer Kurzschluss) verhindern. Die Nennspannung einer Zelle beträgt 2 V, die Spannung schwankt je nach Ladezustand und Lade- bzw. Entladestrom zwischen ca. 1,75 und 2,4 V. Ein 12 V-Akku aus 6 Zellen hat demnach eine maximale Spannung von 14,4 V.

Eingesetzt werden Bleiakkumulatoren in Kraftfahrzeugen als Speicher für die Bordstromversorgung und zum Starten von Motoren (z.B. für den Anlasser) oder in Gabelstaplern und Elektrofahrzeugen als Antriebsenergie (Traktionsbatterien), wobei dort

47: Batteriebank aus 12 Einzelzellen für 24 V Betriebsspannung mit 350 Ah Kapazität (8,4 kWh) für eine Solarstromanlage. Bleiakkus gibt es in vielen Größen, von den allseits bekannten Autoakkus (12 V) bis zu Einzelzellen mit sehr hoher Kapazität und langlebigen Panzerplatten.

(außer bei den Gabelstaplern) das hohe Gewicht störend ist. Im stationären Bereich dient der Bleiakku als Pufferbatterie bei Ausfall der Stromversorgung (siehe auch Abschnitt USV-Anlagen).

Die auch als „Starterbatterien“ bekannten Akkus sind in der Lage, kurzfristig hohe Ströme zu liefern. Mit bis zu 110 Ah haben die Speicher eine beträchtliche Kapazität. Auch die Aufladung ist recht unkompliziert. Außerhalb des Kfz erfolgt die Aufladung mit einem leistungsfähigen Ladegerät und einem Nenn-Ladestrom, der etwa 10% der Kapazität entspricht (d.h. 50 Ah Akku mit 5 A laden), bis die Zellenspannung einen Wert von 2,1 – 2,35 V (Ladeschluss-Spannung) erreicht hat, anschließend sollte der Laderegler die Ladespannung konstant auf diesem Wert halten. Nachteilig ist, dass Bleiakkumulatoren schnell altern, sie besitzen eine Lebensdauer von nur 4 bis 10 Jahren. Zudem ist die typische Selbstentladung mit 1% pro Tag sehr hoch. Nach drei Monaten hat ein gelagerter Bleiakku praktisch die gesamte Ladung verloren.

Solarakkumulatoren sind im Inneren etwas anders aufgebaut. Robuste Röhrchenpanzerplatten und andere Bleilegierungen ermöglichen eine deutlich höhere Anzahl von Lade-/Entladezyklen, bei verbesserter Tiefentladefestigkeit und geringerer Selbstentladung. Dabei bleibt jedoch die maximale Stromlieferfähigkeit auf der Strecke. Solche Akkus eignen sich nicht zum Starten von Kfz-Motoren, die Klemmenspannung bricht bei zu hoher Leistungsentnahme (wie beim Anlasser) sofort zusammen, dafür sind sehr große Kapazitäten bis 600 Ah verfügbar.

Akku-Typ	Zellen-spannung	Kapazität	Selbstent-ladung	Eigenschaften Lebensdauer	Anwendungen
Blei-Akku	2 V	1-150 Ah max. 920 A	30% pro Monat	Hohe Kapazität, robust 800 – 2000 Ladezyklen	Kfz-Starterbatterie, Traktionsbatterie, stationäre Stromversorgung
Nickel-Cadmium-Akku: NiCd	1,29 V	0,05 – 4 Ah max. 100 A	20% pro Monat	Hochstromfest, temperaturfest bis -10°C 1500 Ladezyklen	Elektrowerkzeuge, med. Geräte, Funkgeräte, Notbeleuchtung
Nickel-Metall-hydrid-Akku: NiMH		0,05 – 6 Ah	30% pro Monat	Hohe Kapazität, nur begrenzt hochstromfähig, umweltfreundlich; 300 – 600 Ladezyklen	Schnurlostelefon, Arbeitswerkzeuge, Digitalkameras
Lithium-Ionen-Akku	3,7 V	0,1-5 Ah	1-2% pro Monat	Höchste Energiedichte, erfordert Ladegeräte mit genauer Ladeschluss-spannungs-Begrenzung	Camcorder, Laptops, Handy, Digitalkamera

Tabelle 5: Akku-Typen und einige wichtige Eigenschaften.

NiCd – Nickel-Cadmium-Akkus

Lange Zeit zählte dieser Typ zu den am häufigsten verwendeten Akkus im Kleingerätebereich. Er kam 1950 erstmalig in den Handel, verschwindet aber wegen des hochgiftigen und umweltschädlichen Schwermetalls Cadmium mehr und mehr vom Markt. Das am 1. Dezember 2009 in Kraft getretene Batteriegesetz (BattG) § 3 Abs. 2 BattG verbietet das Inverkehrbringen cadmiumhaltiger Batterien mit Ausnahme von solchen für Not- oder Alarmsysteme, Notbeleuchtung, medizinische Ausrüstung und schnurlose Elektrowerkzeuge.

NiCd-Akkus sind äußerst hochstromfest, man kann mit einem kleinen NiCd-Pack durchaus ein Auto starten. Sie überstehen eine Belastung bis 100 A ohne Schaden zu nehmen. Auch der Temperaturbereich ist sehr günstig, denn die Kapazität bleibt von -10°C bis max. 65°C ziemlich unverändert. Eine vollgeladene Zelle besitzt eine Ladeschlussspannung von 1,5 Volt. Sie kann sehr weit entladen werden, wobei die Entladeschlussspannung bei 0,85 Volt liegt. Ein 12 V-NiCd-Akku hat demnach eine Klemmenspannung zwischen 13,5 V und 7,7 V.

Ein weiterer Vorteil ist die so genannte Schnelllade-Tauglichkeit, für die ein spezielles etwas teureres Ladegerät für NiCd-Akkus benötigt wird. Dieses ermittelt automatisch den für den jeweiligen Akku besten Ladestrom durch das sogenannte Delta-Peak-Ladeverfahren. Bei leerem Akku (hoher Innenwiderstand) wird ein hoher Ladestrom eingestellt, sinkt der Innenwiderstand mit zunehmender Ladung und steigt die Klemmenspannung, wird der Ladestrom zurückgefahren. Gegen Ende der Ladung bis zum Abschalten wird mit stark reduziertem Strom geladen (Erhaltungsladung).

Nachteilig beim NiCd-Akku ist der „Memoryeffekt", der ihn sehr schnell unbrauchbar machen kann. Wenn dieser Akkutyp mit niedrigen Strömen dauernd geladen wird oder er halbleer nachgeladen wird, lagern sich auf der negativen Elektrode chemische Verbindungen ab, welche die Kapazität nachhaltig verringern. In der Regel lassen sich die Zellen aber mit einem passenden Ladegerät reparieren. Dazu werden die Zellen mehrfach tief entladen und wieder vollgeladen.

Bei Akkupacks besteht die Gefahr der Zerstörung durch Tiefentladung: die schwächsten Zellen werden umgepolt und dauerhaft zerstört. Vollgeladene Akkus dürfen nicht lange gelagert werden, sie zersetzen sich durch einen chemischen Prozess. Bei einer Überladung durch zu hohe Ladeströme bzw. Spannungen kommt es zur Gasung in den Zellen, wodurch diese ebenfalls zerstört werden. Die Hersteller haben ein Sicherheitsventil eingebaut, welches anspricht, um einem Zerplatzen vorzubeugen.

NiMH – Nickel-Metall-Hydrid-Akkus

NiMH-Zellen besitzen einen etwas anderen Aufbau als NiCd-Zellen. Die giftige Cadmium-Elektrode des NiCd-Akkus wurde durch eine Metalllegierung ersetzt, welche Wasserstoff speichern kann. Durch die chemische Reaktion zwischen Wasserstoff und Nickel wird der Strom gespeichert. Diese Speicherung erfolgt drucklos, so dass die Gefahr eines Überdrucks in der Zelle relativ gering ist.

Die NiMH-Zellen haben im Vergleich zu gleichschweren NiCd-Zellen eine leicht höhere Kapazität. Ein besonderer Vorteil ist der fast nicht vorhandene Memoryeffekt. Es genügt ein gelegentliches vollständiges Entladen und Wiederaufladen, um die Kapazität der Zellen zu regenerieren. Schnell mal nachladen und dann weiter nutzen, das ist bei NiMH Zellen möglich. Die Entladeschlussspannung von 0,85 V sollte unbedingt eingehalten werden, eine fortgesetzte Tiefentladung kann die Zellen zerstören.

NiMH-Zellen sind sehr empfindlich gegen Überladung. Selbst kurzzeitige Überladung kann die Zellen nachhaltig schädigen. Das passiert leider gerade bei einfachen Ladegeräten sehr häufig. Aber auch das Delta-Peak-Prinzip zur Abschaltung funktioniert bei NiMH-Zellen nicht zuverlässig. Hier wird ein Laderät mit genau eingestellter, temperaturgeregelter Ladeschlussspannung benötigt, was aber selten vorhanden ist. Außerdem leiden NiMH-Zellen an einer hohen Selbstentladung, was die Lagerfähigkeit verschlechtert. Der Ladeverlust beträgt in den ersten 24 bis 48 Stunden bereits rund 10% und pendelt sich dann zwischen 15 und 50%/Monat ein.

Im Gegensatz zu NiCd-Zellen müssen NiMH-Akkus immer vollgeladen gelagert werden. Eine Ausnahme bilden Akkus mit den Vorsatz „LSD“ (Low self discharge). Sie weisen eine wesentlich geringere Selbstentladung auf. Geladen werden NiMH-Akkus nach dem gleichem Prinzip wie NiCd-Akkus.

Fazit: NiMH-Akkus sollten nur mit einem intelligenten Ladegerät aufgeladen werden, das den Ladestrom automatisch regelt und den Akku nicht völlig leert.

Lithium-Ionen- und Lithium-Polymer-Akkus (Abkürzung: Li-Ion)

Die Lithium-Ionen-Akku-Technologie ist ein zukunftsweisendes Verfahren. Die meisten Geräte wie Digitalkamera, Handy und Laptop nutzen diese Zellen bereits. Auch in Elektroautos finden sie ein breites Anwendungsgebiet. Lithium-Ionen-Zellen können, sofern noch einige technische Probleme gelöst werden, die Bleiakkus ablösen. Der Aufbau dieser Hochtechnologiezelle ist nicht einfach zu erklären. In einem Kunststoffmantel befindet sich eine mehrfach geschichtete Anode und Katode. Eine der Elektroden dient als „Wirtsgitter“ und enthält nanokristallines, amorphes Silizium. Zwischen den Elektroden liegen Separatoren (Abstandshalter) aus Papier-, Stoffgewebe oder keramikbeschichtete Membranen. Die Elektrolytlösung ist ein lithiumstabilisierter Cocktail. Je nachdem, ob der Elektrolyt flüssig oder fest ist, spricht man von Lithium-Ionen-Akkus oder Lithium-Polymer-Akkus.

Die Ladeschlussspannung liegt bei 4,2 V, die Entladeschlussspannung bei etwa 2,5 V, die Nennspannung beträgt 3,7 V. Die Anzahl der Entlade- und Ladezyklen wird je nach Hersteller unterschiedlich angegeben und liegt zwischen 300 und 600 Zyklen. Interessant ist ihre enorme Energiedichte, die dreimal so groß ist wie bei vergleichbaren NiCd-Zellen. Zudem kennen Li-Ion-Zellen keinerlei Memoryeffekt, weshalb sie jederzeit und

48: Powerbanks für mobile Anwendungen, links mit integriertem Solarmodul, rechts zum Aufladen aus externen Stromquellen (z.B. Netzgerät). Bilder: Fa. Conrad Electronic

in jedem Zustand nachgeladen werden können. Hilfreich ist auch die vergleichsweise sehr geringe Selbstentladung von 1-2% im Monat. Wer diesen Akkutyp für längere Zeit einmottet, sollte ihn 50 – 70% aufladen und nach einigen Monaten wieder etwas nachladen, um den Ladezustand auf mittlerem Niveau zu halten. Die ideale Lagertemperatur beträgt 15 – 18°C.

Nachteilig sind die Randbedingungen für das Laden des Akkus: Der Ladevorgang muss äußerst präzise ablaufen, um die Zelle nicht dauerhaft zu schädigen. Die maximale Ladespannung darf 4,1 Volt pro Zelle nicht überschreiten, sonst droht Zerstörung, ebenso wie eine Tiefentladung. Die Strombelastbarkeit ist mit wenigen Ampere nicht gerade hoch. Eine eventuelle Einschränkung ist die Zellenspannung von 3,7 Volt. Die gängigen Spannungen von 6, 12, oder 24 V lassen sich durch Reihenschaltung mehrerer Zellen nicht erzeugen. Laptops arbeiten daher mit 18,5 V (5 Zellen). Der Temperaturbereich ist auf ca. 5 – 30°C eingeschränkt.

Seit wenigen Jahren sind sogenannte **Powerbanks** mit Kapazitäten von 3 bis 40 Ah auf dem Markt, die an einer oder mehreren USB-Buchsen die Spannung von 5 V zum Nachladen von Handys, Tablets u.ä. für mobile Anwendungen zur Verfügung stellen. Sie enthalten Li-Ionen-Akkus und einen Spannungswandler, der die Akkuspannung (in der Regel 3,7 V) auf 5 V hochsetzt. Wieder aufgeladen werden diese mit Elektronik veredelten Akku-Packs mit einem ebenfalls eingebauten Ladegerät, das 5 V Ausgangsspannung liefert. Auch mit einem Solarpanel und passendem Laderegler können diese Akkupacks aus Sonnenenergie wieder aufgeladen werden.

Fazit: Lithium-Akkus sind für viele Anwendungsgebiete erfolgversprechend und zukunftweisend. Ihre Handhabung und ihre Besonderheiten (Neigung zum thermischen Entgleisen) sind jedoch noch nicht uneingeschränkt gelöst und lassen selbst Fachleute scheitern, wie nachfolgender Bericht belegt: „Zu einem Zwischenfall kam es am 7. Januar 2012 auf dem Logan International Airport in Boston, als ein Akku-Pack in einer Boeing 787 verbrannte. Die Verwendung von Lithium-Ionen-Akkus für die Pufferung der Stromversorgung in der Boeing 787 galt zunächst als gelungener Kompromiss hinsichtlich Gewicht und Leistung. Jedoch sorgten die Lithium-Akkus für eine ganze Serie von Zwischenfällen, was die Riesenvögel mehrfach zur Landung zwang. Im Januar 2013 erteilte die US-Flugaufsichtsbehörde FAA dann ein vorläufiges Flugverbot, weil es durch Überladung der Zellen oder durch zu starke Entladung trotz 5fach eingebauter Sicherungselektronik (!) zu Problemen kam. In vielen Fällen erhitzte sich die Batterie so stark, dass sie in Flammen aufging bzw. es zu einer Explosion kam."

Allgemeine Hinweise zur Handhabung von Batterien und Akkus:

- Niemals unterschiedliche Typen gemischt einsetzen.
- Achten Sie auf die richtige Polarität. Der Minuspol ist immer die Masse, also das Gehäuse oder die Autokarosserie.
- Niemals nicht aufladbare Batterien aufladen! Das Aufladen führt zur Entwicklung von Wasserstoff, was zu Explosionen führen kann.
- Entfernen Sie alte Zellen aus dem Gerät. In diesen entstehen korrosive Flüssigkeiten (von innen), die auslaufen können.
- Halten Sie die Gerätekontakte sowie die Anschlussfahnen in den Batteriefächern sauber. Korrodierte Anschlüsse haben einen höheren Übergangswiderstand, der die Leistungsfähigkeit der Batterie mindert.
- Vermeiden Sie Kurzschlüsse. Kurzgeschlossene Zellen (passiert auch bei der Lagerung in einer Kiste), können sich erhitzen, was zum Brand führen kann.
- Lithium-Akkus sind empfindlich gegen mechanische Beschädigungen, die schneller als bei anderen Batterien zum Kurzschluss in der Zelle führen.

ENTSORGUNGSHINWEIS *Batterien und Akkumulatoren niemals in den Hausmüll oder in die Umwelt werfen, da sie hochgiftige, umweltschädliche Stoffe enthalten. In Deutschland (und in vielen EU-Staaten) werden sie von den Händlern zurückgenommen.*

Ersatzstromversorgungen

Während die mobilen Geräte und Werkzeuge auf Grund ihres relativ geringen Stromverbrauchs mit Batterien und Akkus gut versorgt werden können, ist die Versorgung bei leistungsstärkeren und stationären Geräten wegen des höheren Stromverbrauchs schwieriger und aus Akkus, wenn überhaupt, nur für kurze Zeit möglich.

USV-Anlage

Die drei Buchstaben „USV“ bedeuten Unterbrechungsfreie StromVersorgung, womit ein technisches Gerät bezeichnet wird, das bei Ausfall der Netzspannung innerhalb von Millisekunden umschaltet und für eine kurze Zeit (mehrere Minuten) die Versorgung der angeschlossenen Geräte mit Netzspannung aufrecht erhält. Weil die Umschaltung ohne Unterbrechung funktioniert, werden USV-Anlagen dazu eingesetzt, Computer, elektronische Regelanlagen, Kassensysteme und Alarmanlagen bei Stromausfall vor dem Absturz bzw. Ausfall zu bewahren.

Im Inneren eines USV-Gerätes befinden sich ein Akku und ein passendes Ladegerät, wobei der Akku aus dem 230 V-Netz ständig geladen gehalten wird. Der Akku wiederum speist einen ebenfalls in der USV enthaltenen Wechselrichter, der die Akkuspannung wieder in 230 V-Wechselspannung umwandelt. Fällt die Netzstromversorgung aus, wird die von diesem Akku erzeugte Wechselspannung für den Verbraucher entnommen, so dass die angeschlossenen Geräte ohne Unterbrechung weiterlaufen können.

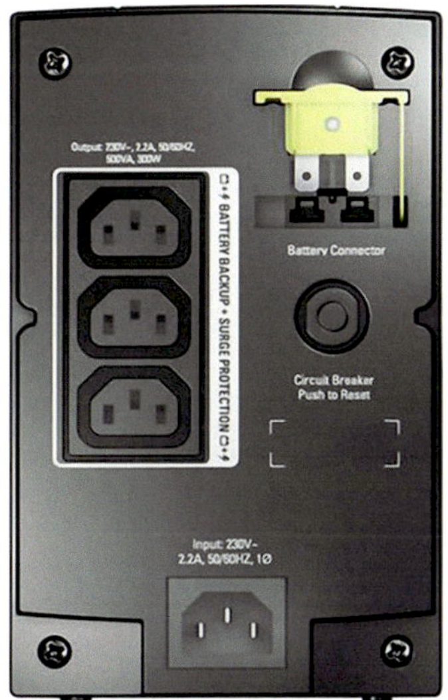

49: USV-Gerät mit 500 VA Leistung
Foto: Produktbild der Fa. APC

Die Bezeichnung VA ist eine Leistungsangabe. Bei ohmschen Verbrauchern entspricht das der Wirkleistung in Watt. Bei induktiven und kapazitiven Verbrauchern gibt man VA an, weil zu der Wirkleistung auch noch eine sogenannte Blindleistung aufzubringen ist.

Je nach Akkukapazität und Leistungsaufnahme der angeschlossenen Verbraucher kann eine USV die Versorgung für einige Minuten bis zu mehreren Stunden aufrechterhalten. Übliche Computer-USV sind so bemessen, dass die Pufferzeit ausreicht, um den Rechner und die zugehörigen elektronischen Geräte geordnet herunterzufahren und die Daten zu sichern. Viele USV-Geräte haben eine gesonderte Steuerleitung bzw. USB-Schnittstelle, die bei Netzausfall und kurz vor der Erschöpfung des Akkus den angeschlossenen Rechnern ein Signal zum geordneten Herunterfahren gibt.

USV-Anlagen gibt es ab einer Leistung von etwa 300 VA bis hin zu mehreren hundert kVA. Statt Watt für Leistung wird hier die Einheit VA (VoltAmpere) für die Scheinleistung verwendet, da durch die Transformation Verluste entstehen. Manche Gerätehersteller geben zusätzlich noch einen Powerfaktor an, der irgendwo zwischen 0 und 1 liegen muss. Dabei wird die Wirkleistung durch die Scheinleistung geteilt. Das ist praktisch, denn damit können Sie selbst ausrechnen, wie viel Geräteleistung Sie an die USV anschließen können. Zum Beispiel lassen sich an einem USV-Gerät mit 1000 VA und einem Powerfaktor von 0,9 maximal Geräte mit einer Gesamtleistung von 900 W anschließen.

Bei sehr hohem Leistungsbedarf werden mehrere USV-Geräte parallel geschaltet. Im so genannten Redundanzbetrieb teilen sich dann mehrere Geräte die Pufferung. Die Anlagen werden immer etwas größer ausgelegt als die Nennleistung des Verbrauchers es erfordert. So ist es jederzeit möglich, einzelne Akkus zu warten oder auszutauschen, ohne den Gesamtbetrieb zu unterbrechen. Ein Hinweis sei an dieser Stelle noch zu den Angaben auf den Typenschildern gegeben. Die Nennleistung bezieht sich immer auf die Leistung, die auf der Sekundärseite, wo die Verbraucher angeschlossen werden, zur Verfügung steht. Das Gerät selbst verbraucht zusätzlich noch 5 – 10% der Nennleistung, selbst wenn keine Verbraucher angeschlossen sind.

Zusätzlich besitzen die Geräte noch weitere positive Nebeneffekte. Einmal sind viele mit Überspannungsschutzeinrichtungen versehen, welche einen Schutz vor den Folgen eines Blitzschlages im Leitungsnetz bieten. Die Pufferung der Netzspannung bewirkt zudem, dass winzige Spannungsspitzen oder Schwankungen aus dem öffentlichen Versorgungsnetz abgefangen werden. Das schützt die angeschlossene Elektronik. Nachteilig ist die begrenzte Lebensdauer der Akkus. Solange noch keine bessere Speichertechnik zur Verfügung steht, halten die in der Regel eingesetzten Bleiakkus mit erweitertem Batteriemanagement höchstens sechs Jahre, danach müssen sie ausgetauscht werden, was bei manchen USV-Geräten möglich ist.

Übrigens, Laptops haben durch den eingebauten Akku automatisch eine Unterbrechungsfreie Stromversorgung an Bord. Über die Systemsteuerung des Betriebssystems lässt sich das geordnete Herunterfahren bei zu schwachem Akku aktivieren.

Notstromaggregate

Wenn Strom im höheren Leistungsbereich (100 W bis 10 kW und mehr) für Anwendungen fernab vom Stromnetz oder bei Ausfall desselben gebraucht wird, kommen üblicherweise sogenannte Notstromaggregate zum Einsatz. Sie bestehen aus einem Verbrennungsmotor (Benzin, Diesel oder Gas) und einem Generator. Entsprechend ihrer Aufgabe, die Verfügbarkeit von elektrischer Energie unabhängig vom öffentlichen Stromnetz zu gewährleisten, werden sie oft auch als Notstromgenerator bzw. Stromerzeuger bezeichnet. Große, leistungsstarke Einrichtungen heißen Netzersatzanlagen.

Es gibt tragbare Kleingeräte von 300 bis 1000 VA, die ausreichen, um Kleinverbraucher (Kühlschrank/Gefriertruhe/PC) zu versorgen. Für größeren Leistungsbedarf (z.B. Werkzeuge im Außeneinsatz) gibt es mobile Geräte auf Rädern in der Größe einer Schubkarre bis etwa 6000 VA und es gibt mobile Netzersatzanlagen auf Lkw-Anhängern, die z.B. vom Technischen Hilfswerk verwendet werden. In Gebäuden fest installierte Einheiten (z.B. in Krankenhäusern) können je nach Bedarf bis zu mehreren MVA liefern. Ein Blockheizkraftwerk (BHKW), das Wärme und Strom erzeugt, arbeitet normalerweise zwar nicht als Notstromaggregat, kann aber bei entsprechender Steuerung grundsätzlich auch als solches betrieben werden. Wer also eines in seinem Haus installiert hat, ist fein raus, denn das BHKW kann das Hausnetz bei entsprechender Steuerung im Inselbetrieb mit Strom versorgen, solange ausreichend Brennstoff vorhanden ist.

Im Normalfall speisen Notstromaggregate den Strom nicht in das öffentliche Netz ein. Versuchen Sie bitte nicht, Ihr Aggregat ans Hausnetz anzuschließen, ohne die Elektroanlage vorher vom öffentlichen Netz zu trennen. Außerdem muss sichergestellt sein, dass keine unsynchronisierte Rückspeisung erfolgt.

50: Beispiel für einen Notstromgenerator mit 2000 VA maximaler Leistung. Mit 3,6 Liter Tankfüllung ist eine Laufzeit bis zu 10 Stunden möglich. Es gibt diese Geräte mit Leistungen zwischen 300 W und 6000 Watt. Foto: Produktbild der Fa. Honda

Beim Betrieb mobiler Notstromaggregate wird häufig gefragt, ob für die elektrische Sicherheit eine zusätzliche Erdung erforderlich ist. Die Antwort ist nicht ganz so einfach, denn es kommt darauf an, welche Schutzmaßnahmen und Netzarten zwischen dem Notstromerzeuger und den Verbrauchern z.B. im Hausnetz verwendet werden. Sie dürfen davon ausgehen, dass die Sicherheit gewährleistet ist, solange Aggregate und Verbraucher der Betriebsvorschrift entsprechend angeschlossen werden. Lesen Sie vor Inbetriebnahme eines Notstromaggregates deshalb sorgfältig die Betriebsanweisung durch und ziehen im Zweifelsfall einen Elektriker hinzu. Mit Strom ist nicht zu spaßen, denn die Spannung, welche ein Notstromaggregat abgibt, ist bei Berührung ebenso tödlich wie aus der Steckdose!

Bei der Auswahl eines Notstromaggregates gilt einiges zu beachten. Zunächst muss man sich darüber im Klaren sein, ob Einphasen- (Wechselstrom) oder leistungsstarke Dreiphasen- (Drehstrom) Verbraucher angeschlossen werden sollen. Typische Drehstromverbraucher sind Abwasserhebeanlagen, Holzspalter, Umwälzpumpen, Kreissäge und Betonmischer, also üblicherweise Geräte im Leistungsbereich über 1000 VA. Kleinere Generatoren haben in der Regel nur Steckdosenanschlüsse für einphasigen Wechselstrom und können entsprechend nur Wechselstromverbraucher versorgen.

Auch die Art der Verbraucher spielt bei der Auswahl des Notstromaggregates eine Rolle. Rein ohmsche Verbraucher wie Halogenscheinwerfer, Kochplatte, Backofen, Wasserkocher, Kühlschrank (Absorber) sind recht unproblematisch und stellen geringe Ansprüche an die Qualität des Notstroms. Die am Gerät angegebene Leistung in Watt ist in diesem Fall direkt vergleichbar mit der Generatorleistung in VA. Solange die Nennleistung des Generators größer ist als die Stromaufnahme der angeschlossenen Verbraucher, ist alles in Ordnung. Die Leistung des Notstromaggregates wird dem Leistungsbedarf der angeschlossenen Verbraucher nachgeregelt, die Verbraucher nehmen eventuell auftretende kleinere Spannungsschwankungen gefahrlos und schadlos hin. Bei Überlastung geht der Generator jedoch in die Knie, der Motor kann die notwendige Drehzahl nicht mehr halten und die Generatorspannung sinkt. In der Regel schalten dann Sicherungsvorkehrungen den Verbraucher ab, um den Generator zu schützen. Dem angeschlossenen Verbraucher passiert nichts.

Bei induktiven Verbrauchern, das sind vor allem Geräte mit Elektromotor, z.B. Bohrmaschine, Küchenmixer, Kühlschrank (Kompressor), Staubsauger, Wasserpumpe, Lüfter, Heizungsbrenner, Trafos, verhält es sich etwas anders. Die Leistungsaufnahmen in W und in VA stimmen aufgrund der sogenannten Phasenverschiebung nicht überein, es muss auch sogenannte Blindleistung bereitgestellt werden. Größere Motoren nehmen zudem beim Einschalten für einen kurzen Moment das 3- bis 6-fache ihrer Nennleistung auf. Dieser Anlaufstrom und die Leistungsverluste müssen bei der Auswahl des passenden Stromerzeugers berücksichtigt werden. Wenn man sich im Einzelfall nicht sicher ist, ob es sich um einen ohmschen oder induktiven Verbraucher handelt, hilft ein Blick auf das Typenschild. Steht die Leistungsangabe in „VA“ oder steht hinter der Angabe in „W“ noch ein cos ϕ (cosinus phi) mit einem Wert kleiner 1, handelt es sich um einen induktiven Verbraucher. Bei einem Faktor von 0,5 zum Beispiel ist das Verhältnis von Wirkleistung und Blindleistung gleich, d.h. der Generator muss das Doppelte der Nennleistung des angeschlossenen Verbrauchers erzeugen.

Elektronische Verbraucher wie Computer und Hi-Fi-Anlage, Fernseher, die Steuerung der Heizungsanlage, die elektronische Steuerung von Waschmaschine und Geschirrspüler gehören zwar nicht zu den leistungsstarken Verbrauchern, stellen aber in der Regel höhere Ansprüche an die Qualität des gelieferten Stroms. Um korrekt und durchgängig ohne Schaden zu laufen, erfordern diese Verbraucher eine stabile sinusförmige Spannung und eine konstante Netzfrequenz. Notstromaggregate für solche Geräte sind meist mit speziellen Invertern ausgestattet, welche die Spannung des Generators in einem zwischengeschalteten elektronischen Wechselrichter in einen konstanten und präzise definierten Wechselstrom umwandeln.

Die Leistungsangaben auf dem Typenschild von Generatoren beziehen sich auf die Nennleistung. Das ist die Leistung, die ein Generator dauerhaft unbeschadet abgeben kann. In der Regel sind das etwa 90% der maximalen Leistung. Die maximale Leistung sollte nur kurzzeitig (15 – 20 Minuten) genutzt werden.

51: Mit einer leistungsstarken Photovoltaik-Anlage auf dem Dach kann der eigene Strombedarf in der Jahresbilanz durch Sonnenenergie gedeckt werden. Für eine autonome Versorgung unabhängig vom Netz wäre allerdings zusätzlich ein ziemlich großer Batteriespeicher notwendig.

6 Unabhängig und autonom leben mit Erneuerbaren Energien

Welche Möglichkeiten der Stromversorgung gibt es für Haushalte bzw. für den Durchschnittsverbraucher, wenn im Krisenfall die letzte Batterie verbraucht und der letzte Akku geleert ist? Und wie können neben den Kleingeräten (Handy, Radio oder Taschenlampe) auch so nützliche Geräte wie Kühlschrank, Staubsauger und Waschmaschine unabhängig vom Netz mit Strom versorgt werden?

Sicher, es wäre denkbar, ein aufgebocktes Fahrrad stationär mit einem Generator zu koppeln und mittels Muskelkraft etwas Strom zu erzeugen. Bei einer menschlichen Dauerleistung von 80 – 100 Watt ist die erzeugbare Energiemenge begrenzt, für das Aufladen von kleinen Akkus würde es gerade ausreichen. Allerdings werden wir nach kurzer Zeit ermüden und die Sache beenden wollen, weil es zu aufwendig erscheint oder unsere Kraft einfach nicht ausreicht. Um einen Haushalt mit den genannten Großgeräten längere Zeit unabhängig vom öffentlichen Stromnetz zu versorgen, ist also ein Stromerzeuger notwendig, der länger durchhält als unsere Muskelkraft und auch mehr Leistung bringt.

Für eine professionelle energiesparende Stromversorgung in Wohngebäuden sind verschiedene technische Lösungen denkbar und machbar:

- Ein Blockheizkraftwerk (BHKW), gespeist mit Diesel/Heizöl oder Gas, erzeugt vor Ort Wärme und Strom gleichzeitig, bei hohem Nutzungsgrad des eingesetzten Brennstoffes. Die Wärme wird vor Ort genutzt, den Strom speist der Generator normalerweise überwiegend ins öffentliche Netz ein. Für eine netzunabhängige Versorgung müssen ein Synchrongenerator und eine spezielle Regelung eingebaut werden.

- Eine Brennstoffzellen-Anlage, in der Regel gespeist mit Erdgas, erzeugt ebenfalls Strom (Gleichstrom) und Wärme; hier kann der Gleichstrom in einer Batterie gespeichert oder über einen Wechselrichter ins Netz eingespeist werden. Die Wärme wird für die Heizung und die Warmwasserbereitung genutzt.

- Um erneuerbare Energie für die Stromerzeugung zu nutzen, eignen sich insbesondere Photovoltaikanlagen, aber auch Wasserkraft- und Windkraftanlagen oder eine Kombination derselben. Große Anlagen speisen den erzeugten Strom in der Regel ins Netz ein, für eine Versorgung unabhängig vom Netz ist auf jeden Fall ein Batteriespeicher erforderlich.

Ein für den Bedarf eines Haushalts bemessener Stromspeicher, der eine Versorgung ganz unabhängig vom Netz gewährleistet, ist groß und teuer; er würde obendrein durch ständige Be- und Entladung nutzlose Speicherverluste mit sich bringen. Durch das Einspeisen in das Netz wird der vor Ort nicht verbrauchte Strom den anderen Teilnehmern im Netz zur Verfügung gestellt. Und umgekehrt muss die häusliche Stromerzeugungsanlage nicht für den eigenen Spitzenverbrauch ausgelegt sein. Jede eingespeiste Kilowattstunde wird über einen separaten Einspeisezähler erfasst und entsprechend den Vorgaben des Erneuerbare-Energien-Gesetzes vergütet. Die Vergütungssätze sind von der Art des Energieerzeugers abhängig und beinhalten in der Regel auch eine Förderung von Erneuerbaren Energien und neuen besonders effizienten Technologien.

In diesem Zusammenhang muss erwähnt werden, dass ein BHKW ebenso wie die Anlagen zur Nutzung erneuerbarer Energien beträchtliche Investitionen erfordern. Je nach örtlichen Gegebenheiten, eigenem Verbrauch und Dimensionierung der Anlage ist es bei guter Planung trotzdem möglich, den umweltfreundlich erzeugten Strom wirtschaftlich zu produzieren, also die beträchtlichen (fünfstelligen) Investitionskosten für solche Anlagen durch die Einspeisevergütung und vermiedene Stromkosten im Laufe von 15 bis 20 Jahren wieder zu erwirtschaften.

Wenn zur Überbrückung von Netzausfällen ein mehr oder weniger großer Akku in so ein System integriert wird, kann dieser die Wirtschaftlichkeitsrechnung jedoch nachhaltig verschlechtern. Man könnte auch sagen, die Absicherung von Netzausfällen und der Wunsch nach Autonomie hat ihren Preis, d.h. ist mit zusätzlichen Kosten verbunden.

Bei Netzausfall muss die Hausversorgung vom öffentlichen Netz getrennt und auf Inselstromversorgung umgeschaltet werden. Die Speicherkapazität des Akkus und der vorhandene Brennstoffvorrat einerseits, sowie der Stromverbrauch im Haushalt andererseits bestimmen im Wesentlichen die mögliche Dauer der autonomen Versorgung.

Beim reinen Inselbetrieb bzw. netzautarken Betrieb müssen Spannung und Frequenz des erzeugten Wechselstroms selbständig und unabhängig vom öffentlichen Netz geregelt werden. Bei der Planung und Dimensionierung einer solchen Versorgung ist zunächst der tägliche Stromverbrauch aller zu versorgenden Geräte sorgfältig zu ermitteln; dieser Gesamtverbrauch muss dann durch entsprechend leistungsfähige Stromerzeuger und einen ausreichend großen Stromspeicher gedeckt werden, Tag für Tag und auch in ungünstigen (Jahres-) Zeiten, z.B. im Winter bei höherem Strombedarf und wenig Solarangebot. Mit einem BHKW, das auf lagerbaren Brennstoff (Diesel/Heizöl) zurückgreifen kann, sollte eine ausreichende Stromerzeugung und ein Betrieb über Monate kein Problem sein, sofern der Brennstofftank hinreichend gefüllt ist. Wird das BHKW aus dem öffentlichen Erdgasnetz versorgt, muss im Krisenfall allerdings damit gerechnet werden, dass die Gasversorgung auf mittlere Sicht auch betroffen sein kann. Dann bleiben nur noch die erneuerbaren Ressourcen Sonne, Wind und Wasser zur Stromerzeugung übrig. Leider ist das Wetter manchmal launenhaft und schenkt uns nicht jeden Tag die gleiche Menge Sonnenschein oder die notwendige Portion an frischem Wind. Daher ist bei der ausschließlichen Nutzung erneuerbarer Energien eine größere, für längere Autonomie bemessene Speicherkapazität des Akkus notwendig.

In den folgenden Abschnitten werden noch weitere Anregungen gegeben, welche Möglichkeiten BHKW, Brennstoffzellen und erneuerbare Energiequellen bieten und wie sie in eine private Stromversorgung integriert werden können, für eine Hausstromversorgung ebenso wie für Ferienhäuser, Wochenendhäuser, Campingmobile, Boote, Garten und Freizeit.

Bei der Planung empfehlen sich auf jeden Fall folgende Schritte:

1. den Stromverbrauch minimieren, d.h. die Zahl der Elektrogeräte beschränken und den Strom so effizient wie möglich nutzen,
2. ausreichend Strom aus erneuerbaren Quellen oder lagerbarem Brennstoff erzeugen und
3. so viel Strom wie nötig für ertragsschwache Zeiten in Akkus speichern, d.h. eine ausreichend große, auf den Bedarf abgestimmte Speicherkapazität und Stromreserve vorsehen.

Jeder wird in seinem Wohnumfeld andere Bedingungen und Anforderungen vorfinden, so dass die folgenden Abschnitte hauptsächlich als Anregung zu verstehen sind, in welche Richtung solche Systeme entwickelt werden können. Fertige Lösungen „von der Stange“ sind derzeit noch nicht im Handel, wohl aber vielerlei gute Bausteine, die neuerdings unter dem Namen „Smart Home Systems“ vermarktet und sogar über das Internet gesteuert werden können. Die Fähigkeiten der beteiligten Handwerker sowie der eigene Geldbeutel werden im konkreten Anwendungsfall den Weg weisen und ggf. auch Grenzen setzen. Für weiterführende Informationen und die technische Planung individueller Lösungen wird auf die einschlägige Fachliteratur und spezialisierte Handwerksbetriebe verwiesen.

Energiesparen macht unabhängiger

Steigender Wohnkomfort geht mit zunehmendem Energie- und Stromverbrauch einher. Wenn wir morgens aufstehen, haben wir schon eine Menge Strom verbraucht. Die Wohnung ist warm, das Wasser heiß, der Wecker hat uns geweckt und der Kühlschrank war natürlich auch in der Nacht in Betrieb. Ständig laufen um uns herum irgendwelche Elektrogeräte: das Radio, der Fernseher, die Heizung, die Haustürklingel, der Router fürs Internet usw. In Niedrigenergiehäusern brummt zudem die Lüftung, weil es ohne sie nicht geht. In vielen Haushalten finden wir zudem Geräte, die auf Standby-Betrieb laufen, sei es, weil uns die Geräte die Uhrzeit anzeigen wollen (Kaffeemaschine, Mikrowelle, Waschmaschine) oder auf einen Befehl von der dazugehörigen Fernbedienung warten (Receiver, DVD-Player, Radio) oder gar keinen Ausschalter mehr besitzen (Kopierer, Scanner, Telefon). Wir haben uns so daran gewöhnt, dass deren Verbrauch kaum noch auffällt. Es sind ja nur wenige Watt, kaum dass sich der Stromzähler dreht. Doch die Menge macht‘s! Wer im Notfall seine wichtigen Elektrogeräte mit selbst erzeugtem

(Not-) Strom oder Inselstrom versorgen will, sollte vorab alle seine Stromverbraucher auf ihren Nutzen und auf potentielle Einsparmöglichkeiten hin prüfen und dann überlegen, welche Elektrogeräte im Krisenfall wirklich gebraucht werden. Der durchschnittliche Stromverbrauch eines 3-4-Personen-Haushalts liegt bei 3500 – 4000 kWh pro Jahr bzw. bei rund 10 kWh/Tag, er kann in einem Stromspar-Haushalt auf 1/3 bis ¼ des Wertes, also rund 1000 kWh/a gesenkt werden.

Natürlich ist es schon im Hinblick auf die laufenden Stromrechnungen sinnvoll, den Verbrauch der diversen Elektrogeräte im Blick zu behalten und deren Effizienz zu hinterfragen. So ist es bei der Beleuchtung sinnvoll und lohnend, alle häufig und lange benutzten Leuchten, insbesondere die leistungsstarken, in der Wohnung mit den sehr effizienten LED-Lampen auszustatten. Der häusliche Stromverbrauch für Beleuchtung wird dadurch spürbar gesenkt.

Wer den Elektroherd durch einen Gasherd ersetzt (mit Erdgas oder Propangas in Flaschen), ist beim Kochen unabhängig von der Stromversorgung und spart obendrein auch noch Geld. Bei den anderen Großgeräten (Kühlschrank, Waschmaschine, Spülmaschine etc.) können die Geräteangaben zu den Energieeffizienzklassen entscheidende Hinweise geben, nicht nur hinsichtlich des Stromverbrauchs, sondern auch für Gas, Wasser und Wärme. Seit 1998 werden Haushaltsgroßgeräte mit einem EU-Label „A" (Grün) bis „D" (Rot) europaweit einheitlich in Energieeffizienzklassen eingeteilt. Dies um dem Verbraucher Hilfestellung bei dem Neuerwerb von Elektrogeräten zu geben. „A" stand für den niedrigsten Energieverbrauch, „G" für den höchsten. Für die Festlegung des Energielabels wurden von den Herstellern entsprechende Referenzgeräte aus dem Jahr 1998 genutzt. Durch den technischen Fortschritt siedelten sich allerdings im Laufe der Zeit die meisten Geräte im Bereich „A" an, so dass die Unterteilungen „A+" bis „A+++" dazu kamen. Das führte wiederum zu Verwirrungen und teilweise Unverständnis beim Verbraucher. Seit März 2021 wurden daher die bisherigen Mess- und Berechnungsmethoden der Energieeffizienz verändert. Die neuen Klassen werden nun in „A"

TIPP *Fällt der Strom aus, schalten Sie alle ihre Verbraucher ab. Ziehen Sie ggf. die Gerätestecker aus der Steckdose. Bei den Lichtschaltern sollten Sie sich die Schalterstellung für „Aus" merken bzw. diese kennzeichnen. Sie erleichtern damit die Wiederinbetriebnahme der Stromversorgung. Warum? Stellen Sie sich vor, die Starterbatterie ihres Autos ist müde. Wie hoch schätzen Sie die Wahrscheinlichkeit, dass Ihnen der nächste Startversuch gelingt, wenn dabei alle Scheinwerfer, Warnblinker, Lüfter, Autoradio, Sitzheizungen und sonstige Verbraucher eingeschaltet bleiben? Dem Energieversorger geht es nicht anders. Ferner sind elektronische Geräte durch flackernde Einschaltimpulse und unkontrollierte Spannungsspitzen beim Wiederaufbau der Netzversorgung möglicherweise gefährdet.*

bis „G“ unterteilt. „A“ bleibt zunächst leer, um den Herstellern neue Anreize zu geben. Aktuelle Geräte werden derzeit also nur mit der Kennzeichnung „B“ verkauft. Neu ist, dass neben dem Energieverbrauch nun auch zusätzliche Faktoren wie Wasserverbrauch, Geräuschpegel, Betriebszyklen u.a. berücksichtigt werden. Durch die Änderungen der Messmethoden und der Zuordnung lassen sich alte und neue Energielabels nicht mehr 1:1 vergleichen. Geblieben ist, dass „A“ grün gekennzeichnet wird und damit die beste Effizienzklasse kennzeichnet und sich „G“ im roten (Energiefresser-) Bereich befindet.

Zusätzlich tragen die neuen Energielabels einen QR-Code. Darüber kann der Kunde zusätzliche Produktinformationen zum Gerät abrufen. Beispielsweise lassen sich bei Waschmaschinen Informationen zur Laufzeit oder Energieverbrauch im Energiespar-

Geräte	**Durchschnitts-Haushalt**	**tägl. Verbrauch**	**Sparsamer Haushalt**	**tägl. Verbrauch**
Beleuchtung Halogen+ESL	120 Watt x 6 h	720 Wh	6 x 8 W LED, 48 W x 6 h	288 Wh
Kühlschrank	300 kWh/a	821 Wh	Energiesparmodell 70 kWh/a	192 Wh
Kühltruhe	400 kWh/a	1096 Wh	Energiesparmodell 100 kWh/a	274 Wh
Kochen	1.500 Watt x 2 h	3.000 Wh	Kochen mit Gas	0
Waschmaschine 250 kWh/a	2.000 Watt x 0,34 h	685 Wh	Bestes Gerät 129 kWh/a	353 Wh
Spülmaschine 380 kWh/a	2.000 Watt x 0,52 h	1.041 Wh	Bestes Gerät 237 kWh/a	650 Wh
Mikrowelle	1.000 Watt x 0,2 h	200 Wh	Nutzung reduzieren	100 Wh
Haarföhn / Staubsauger	700 Watt x 0,5 h	350 Wh	500 Watt x 0,5 h	250 Wh
Fernsehen/Sat 146 kWh/a	80 Watt x 5 h	400 Wh	Bestes Gerät: 78 kWh/a, 5 h/d	214 Wh
Stereo-Anlage	50 Watt x 2 h	100 Wh	30 Watt x 2 h	60 Wh
Standby Video, TV, Telefon	30 Watt x 24 h	720 Wh	Steckerleiste „Aus"!	0
Heizungsumwälzpumpe	50 Watt x 24 h	1.200 Wh	getaktet/ geregelt	180 Wh
Kleinverbraucher	NonStop	500 Wh	geregelt	250 Wh
Computer	90 Watt x 8 h	720 Wh	Laptop, Sparmodus 8h x 20 W	160 Wh
Tagessumme		11.553 Wh/d		2.971 Wh/d
Jahresstromverbrauch		4217 kWh/a		1.084 kWh/a

Tabelle 6: Durchschnittlicher täglicher Stromverbrauch in einem Durchschnitts- und einem Stromspar-Haushalt. Letzterer nutzt im Hinblick auf eine autonome Stromversorgung nicht nur marktbeste Geräte, sondern es wurden auch weitergehende Maßnahmen zur Vermeidung der Stromnutzung bzw. Verbrauchsreduzierung getroffen.

modus nachlesen. So soll dem Kunden eine differenziertere Kaufentscheidung ermöglicht werden. Diese Informationen dürften aufschlussreicher sein als der Blick auf das Typenschild.

Ich empfehle, auch die Bedienungsanleitungen und Produktdatenblätter zu studieren. Nicht immer sind die Gedankengänge der Gerätehersteller selbsterklärend. Ich habe den Energieverbrauch meiner Waschmaschine mittels eines Energiemessgerätes nachgemessen und dabei erstaunt feststellen müssen, dass das eingespeicherte Öko-Programm den höchsten Energieverbrauch verursachte. Allerdings dauerte der Waschvorgang wesentlich länger. Damit sank der momentane Stromverbrauch, was sich wiederum günstig auf die Netzbelastung auswirkt. Bei einer Eigenversorgung aus dem eigenen Stromnetz ist dies ein maßgebender Faktor.

Im Internet befinden sich auf den Seiten des Projektes „Label 2020" der Europäischen Union für Forschung und Innovation dazu weiterführende Informationen (www.de.label2020.eu). Alljährlich erscheinen auch Listen mit den sparsamsten Haushaltsgeräten (z.B. unter https://spargeraete.de).

Egal wie Sie sich beim Kauf oder Austausch eines Gerätes entscheiden, denken Sie daran, jede eingesparte Kilowattstunde Strom ist nicht nur ein positiver Beitrag zum Umweltschutz, sondern hilft auch dabei, der (teil-)autonomen Stromversorgung Ihres Zuhauses einen Schritt näher zu kommen!

Darüber hinaus: Haben Sie sich schon einmal die grundsätzliche Frage gestellt, wie viel Elektronik Sie für die Aufrechterhaltung Ihres Lebensstandards unbedingt benötigen? Könnten Sie auch bei einem Mangel an elektrischer Energie angemessen weiterleben wie bisher? Viele Dinge sind schön, scheinbar hilfreich und doch nur reiner Luxus. „Mit ein paar Blumen in meinem Garten, einem halben Dutzend Bildern und einigen Büchern lebe ich ohne Neid." sagte Lope de Vega, ein spanischer Dichter, der von 1562 – 1635 lebte.

BHKW – BlockHeizKraftWerke

Weil bei der Erzeugung von Strom in Kraftwerken und Wärmekraftmaschinen physikalisch bedingt stets beträchtliche Mengen Wärme freigesetzt werden und der elektrische Wirkungsgrad auf 30 – 45% der Energie des eingesetzten Brennstoffes begrenzt ist, macht die dezentrale Erzeugung von Strom dort Sinn, wo die anfallende Wärme vor Ort genutzt werden kann. Ein BHKW (BlockHeizKraftWerk) ist, wie der Name andeutet, eine dezentrale technische Anlage (meist eine Motor-Generator-Kombination mit Wärmeauskopplung), in der Wärme und Strom (Kraft) gleichzeitig erzeugt werden. Dadurch lässt sich die im Brennstoff steckende Energie zu mehr als 90% nutzen. Im Vergleich liegt der durchschnittliche Wirkungsgrad eines Kohlekraftwerks bei nur 31% [(19)]! Mit BHKW-Anlagen wird zudem in erheblichem Maß Primärenergie gespart und CO_2- Emission reduziert.

Als Treibstoff für BHKW kommen die üblichen Brennstoffe, also Erdgas, ggf. auch Flüssiggas sowie Diesel/Heizöl in Frage. Mit einem lagerbaren Brennstoff kann so eine Motor-Generator-Kombination für längere Zeit eine autonome Versorgung mit Strom

BHKW werden nach ihrer elektrischen Anschlussleistung benannt	
Nano-BHKW	< 2,5 kW
Mikro-BHKW	2,5 – 15 kW
Mini-BHKW	15 – 50 kW
Gross-BHKW	> 50 kW

Tabelle 7: Bezeichnungen von BHKW

und Wärme gewährleisten, und das sogar einigermaßen kostengünstig, da der Bezugspreis von Strom mehr als viermal so hoch ist wie die Kosten der Brennstoffe Gas oder Heizöl. Nachteilig ist lediglich, dass die Stromerzeugung in einem festen Verhältnis an die erzeugte Wärme gekoppelt ist, was je nach Anwendung zu Engpässen oder Überschüssen führen kann.

Anlagen mit Kraft-Wärme-Kopplung (KWK-Anlagen), die gleichzeitig elektrische Energie und nutzbare Wärme erzeugen, waren früher ziemlich groß und komplex, konnten aber damals schon rund 90% des eingesetzten Energieträgers in Nutzenergie umwandeln. Deshalb werden Sie auf Fördermittelanträgen immer den Begriff KWK-Anlagen vorfinden, auch wenn Sie ein BHKW beantragen. Wann die Idee für ein BHKW entstand, lässt sich heute nicht mehr genau feststellen. Nach der Erfindung des Gasturbinenmotors (1791) und eines Wechselstromgenerators (1816) war die Koppelung derselben eigentlich nur noch ein kleiner Schritt. Doch bis daraus ein industriell nutzbares Heizkraftwerk entstand, das gleichzeitig Strom und Wärme lieferte, vergingen rund 80 Jahre. Die älteste, noch erhaltene und bis vor wenigen Jahren in Betrieb befindliche KWK-Anlage Deutschlands wurde zwischen 1898 und 1902 im Landkreis Potsdam-Mittelmark errichtet. Zwei riesige Dampfmaschinen mit Gleichstromgeneratoren versorgten die damals modernste medizinische Einrichtung Deutschlands, die Lungenheilanstalt Beelitz. Auf einem Areal von 200 ha standen rund 100 Gebäude mit Betten- und Liegehallen sowie Arbeits- und Versorgungsstätten. Über ein unterirdisches, mehr als 10 km langes Kanalnetz wurden die Gebäude mit Wärme und Elektroenergie sowie mit Trink- und Warmwasser versorgt. Eine Akkustation sorgte für die notwendige Netzstabilität und diente gleichzeitig auch als Notstromversorgung. Damals erfolgte die Netzversorgung noch mit Gleichspannung. Die gesamte Infrastruktur wurde von vorn herein auf Eigenversorgung ausgelegt, was ja auch bei einem im Krisenfall unter Quarantäne stehendem Areal Sinn macht. Später, während der beiden Weltkriege, diente das Gelände als Militärlazarett. Teile der Anlage wurden nach 1945 zum militärischen Sperrgebiet, wodurch die alte Bausubstanz in ihrer Urform weitgehend erhalten blieb. Teile der historischen Anlage können heute als eines der eindrucksvollsten technischen Denkmäler der Energiegeschichte besichtigt werden [(25)].

Größere KWK-Anlagen wurden nach dem 2. Weltkrieg zunächst hauptsächlich in Industrieanlagen eingebaut, wo Strom und Wärme gleichermaßen benötigt wurde. Um die Technik auch für kleinere Versorgungsaufgaben wie z.B. Mehrfamilienhäuser und Hausbesitzer attraktiv zu machen, mussten die Anlagen kleiner, schlanker und kostengünstiger

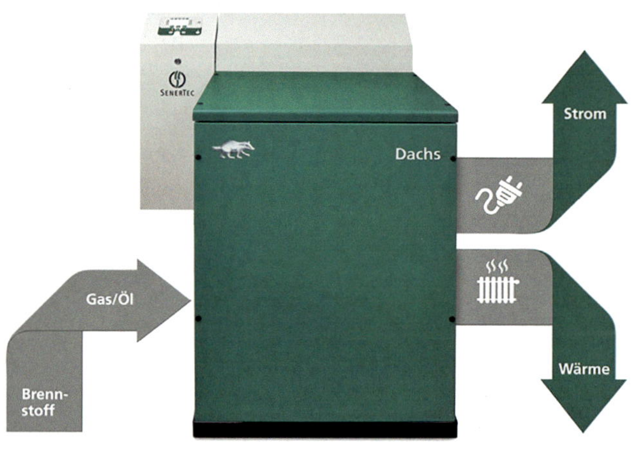

52: Der Dachs – das klassische Motor-BHKW mit 15 – 18,5 kW elektrischer Leistung (links) und der kleine Stirling-Dachs mit 1,5 kW elektrischer Leistung und Wärmespeicher (rechts).

Der Dachs war eines der ersten Mikro-BHKW aus Serienproduktion und wird bereits seit 1997 verkauft. Noch heute ist der Dachs ein Klassiker und das in Deutschland am meisten verkaufte BHKW. Für seine innovative Technik bekam die Fa. SenerTec 2012 den Deutschen Energiesparpreis verliehen. Verschiedene Modelle sind ausgelegt für die Brennstoffe Erdgas, Flüssiggas, Biodiesel, Heizöl oder Rapsöl. Eine besondere Variante ist der Dachs mit Synchrongenerator, der ein Objekt auch ohne Stromnetzanschluss als „Inselanlage" mit bis zu 18,5 kW elektrischer Leistung versorgen kann. Zwar ist neben den Wartungskosten beim gasbetriebenen Dachs mit einer Motorüberholung nach etwa 30.000 Stunden und beim Heizöl-Dachs nach 20.000 Stunden zu rechnen, dennoch bleibt der Einsatz wirtschaftlich, wenn eine Laufzeit von 3500 – 4000 h/a erreicht und sowohl die Wärme als auch der Strom sinnvoll genutzt werden. Über die Webseite „Dachsportal" hat der Dachs-Besitzer einen Fernzugriff auf den SenerTec-Server mit den gespeicherten Betriebsdaten der eigenen Anlage. Neben der Anzeige der aktuellen Betriebsdaten können auch Steuerungsparameter geändert, mit den Daten das Formular für die Steuererstattung erstellet und Statusmeldungen abgerufen werden. Zudem sendet der Dachs im Falle einer Störung eine Nachricht an den Betreiber und auf Wunsch auch an den Servicepartner. [20]

werden. 1986 begann der Automobilzulieferer Fichtel & Sachs mit der Entwicklung von Prototypen von Mikro-BHKWs und führte 10 Jahre lang Feldversuche durch. Seit 1996 produziert die Firma Senertec als eine der ersten ein Mikro-Blockheizkraftwerk in Serie. Bekannt wurde es unter dem Namen „Dachs". Die anfallende Wärme kann für die Heizung und Brauchwassererwärmung genutzt werden, während der erzeugte Strom im Hausnetz verbraucht oder ins öffentliche Netz eingespeist wird. Inzwischen gibt es eine ganze Reihe von Herstellern am Markt, die auch noch kleinere Blockheizkraftwerke, sogenannte Mikro- und Nano-BHKWs, anbieten.

Neben dem klassischen Eigenheim werden vor allem öffentliche Gebäude wie Schulen und Krankenhäuser, Hotels und Schwimmbäder, aber auch Wohnblocks durch BHKW mit Energie versorgt. Ein Großteil der im Einsatz befindlichen BHKW wird mit Erdgas betrieben, es gibt aber spezialisierte Anbieter, die Maschinen für den Betrieb mit Pflanzenöl, Heizöl, Flüssiggas, Biogas, Biodiesel oder Holz-Pellets anbieten. Einige Motoren lassen sich sogar mittels Holzvergaser mit Stückholz betreiben. Der Stromgenerator ist normalerweise ein Asynchrongenerator, der nur eine netzgeführte Stromerzeugung ermöglicht. Es gibt auf Wunsch jedoch auch BHKW mit Synchrongeneratoren, die dann inselnetztauglich sind, also unabhängig vom Netz Strom erzeugen können.

Neben dem Otto- und Dieselmotor als Antrieb bringen die klassischen Heizungsunternehmen inzwischen zunehmend auch sehr kleine BHKW-Anlagen mit Stirlingmaschinen als Antrieb auf den Markt. Deren elektrische Leistung liegt bei nur 1 – 2 kW und damit in einer Größenordnung, die für die Stromversorgung in einem normalen Haushalt besser passt als ein 15 kW_{el}-BHKW. Sie sind kaum größer als eine Waschmaschine und können im Heizraum neben dem klassischen Heizkessel oder an seiner statt installiert werden. Durch Vibrations- und Geräuschdämmung arbeiten die Maschinen sehr leise, so dass man sie in den Wohnräumen nicht mehr hört.

Die vielen kleinen BHKW-Anlagen können als große Zukunftschance gesehen werden. Da sie den überschüssigen, vor Ort nicht gebrauchten Strom ins öffentliche Niederspannungsnetz einspeisen, ist der Grundstein für eine dezentrale Stromerzeugung gelegt. Laut dem KWK-Ausbauziel soll die KWK-Nettostromerzeugung im Jahr 2025 mindestens 120 Terawattstunden betragen (§1 KWKG 2016), das entspricht etwas mehr als 25% des gesamten Strombedarfs der BRD. In Kombination mit regenerativen Stromerzeugern, die Wind und Sonne nutzen, kann so ein großes dezentrales Versorgungsnetz entstehen, in dem sich mit geeigneten Kommunikationstechniken Ausfälle von Stromerzeugern und Unterversorgungen locker kompensiert lassen. Doch bis dahin gibt es noch einige Hürden zu überwinden. Neben dem hohen Anschaffungspreis (Nano- bzw. Mikro-BHKWs kosten zusammen mit der Installation der notwendigen Leitungen, des Abgassystems und Pufferspeichers derzeit um die 20.000 €), sind noch weitere technische Probleme zu lösen.

Die Wirtschaftlichkeit von BHKW ist wesentlich von der jährlichen Betriebsdauer abhängig. Die Anlage sollte möglichst gleichmäßig und mindestens 3600 bis 4000 Stunden pro Jahr laufen, um einen wirtschaftlichen Betrieb zu erreichen. Ein Blockheizkraftwerk im reinen Wohnhaus erfüllt diese Rahmenbedingungen meist nicht, weil es nicht das gesamte Jahr hindurch gleichbleibend ausgelastet ist. Im Sommerhalbjahr wird nur wenig, zeitweise überhaupt keine Wärme benötigt, und auch der Strombedarf ist dann oft reduziert.

In der wirtschaftlichen Betrachtung stehen den Aufwendungen für Brennstoff, Wartung und Anlagenabschreibung die eingesparten Kosten für selbst genutzten Strom und Wärme sowie die Erlöse aus der Stromeinspeisung gegenüber. Die Höhe der Einspeisevergütung schwankt von Jahr zu Jahr, so dass man diese Einnahmen schlecht im Voraus planen kann. Dafür gibt es für die Anschaffung einer solchen Anlage Fördermittel vom BAFA, dem Bundesamt für Wirtschaft und Ausfuhrkontrolle. Von Vorteil ist, dass Privatleute, die den Strom und die Heizwärme privat verbrauchen – also wenig Strom ins öffentliche Stromnetz oder an Dritte verkaufen –, kein Gewerbe anmelden müssen. Wird Strom an Dritte verkauft, und das ist auch der Fall, wenn sich mehrere Abnehmer eine Anlage teilen, unterstellt das Finanzamt in der Regel eine Gewinnabsicht und geht von gewerbsmäßigen Einkünften aus.

Für eine lange Lebensdauer (ca. 20 Jahre) benötigen BHKW eine regelmäßige Wartung. Nur technisch versierte Handwerker können das selber tun, üblicherweise macht das eine Wartungsfirma. Als nachteilig kann man auch die Abhängigkeit von fossilen Brennstoffen sehen. Da sind Anlagen, die Solar- und Windenergie nutzen, klar im Vorteil, denn hier ist der „Brennstoff" (weitgehend) kostenlos.

Fazit: Die gekoppelte Produktion von Strom und Wärme, d.h. der effiziente und ressourcenschonende Einsatz der Brennstoffe und die staatlichen Subventionen machen BHKWs zu einer interessanten Technologie, die auch Möglichkeiten bietet, ein Haus oder auch mehrere Wohnungen für eine gewisse Zeit autonom mit Strom und Wärme zu versorgen.

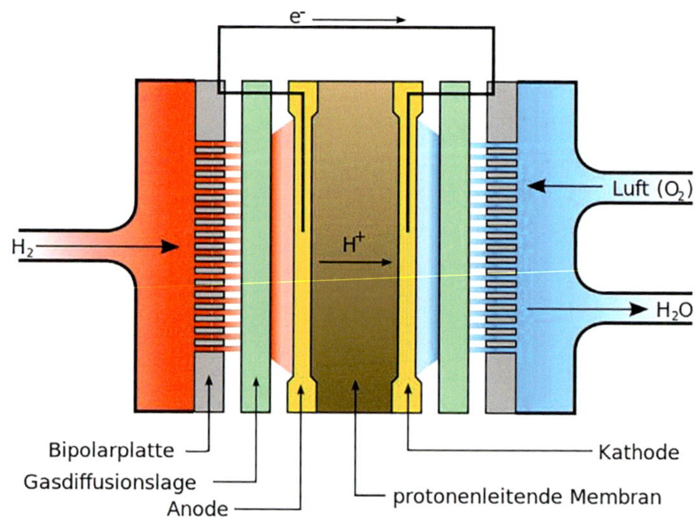

53: Prinzip der PEMFC-Brennstoffzelle: Zwei Elektroden sind durch eine Trennschicht voneinander getrennt. Auf der einen Seite strömt Wasserstoff, auf der anderen Sauerstoff. Der Wasserstoff wird in seine Bestandteile aufgeteilt, zwei Elektronen und zwei Protonen. Die kleineren Protonen gelangen durch die Trennschicht in die Sauerstoffseite. Die größeren Elektronen müssen den Umweg über einen Stromkreis nehmen, um zur Sauerstoffseite zu gelangen, weil da ein Elektronenmangel herrscht. Aus Elektronen, Protonen und Sauerstoff entsteht dann Wasser. An den Elektroden entsteht eine Spannung von 1,2 V.

Brennstoffzellen

Es wäre eine elegante Lösung und zu schön um wahr zu sein, wenn aus Wasser ohne Umweltbelastung Strom und Wärme erzeugt werden könnten. Die Vorstellung erinnert etwas an das Märchen, in dem Stroh zu Gold versponnen werden soll. Tatsächlich verläuft die chemische Reaktion eher in umgekehrter Richtung, wenn Energie gewonnen werden soll: Wasserstoff und Sauerstoff reagieren in Gegenwart eines Katalysators (Platin) zu Wasser und erzeugen in der sogenannten Brennstoffzelle Strom und Wärme. Bereits seit Jahren tüfteln Wissenschaftler mit Unterstützung von Industrie und Bundesregierung an der technischen Perfektionierung der Brennstoffzelle. Die Idee ist nicht neu, bereits 1839 beschrieb der britische Physiker William Robert Grove, wie durch Oxidation von Wasserstoff mit Sauerstoff elektrischer Strom entstehen kann. Seine Idee verschwand mangels technischer Umsetzungsmöglichkeit fast 100 Jahre in der Versenkung. Erst mit Beginn des Wettrüstens zwischen 1950 und 1960 besannen sich Militär- und Raumfahrtindustrie auf diese Technologie. Die ersten Brennstoffzellen waren extrem teuer und aufwendig und wurden daher nur in U-Booten und im Weltraum eingesetzt. Erst mit der Ölpreiskrise 1979/80 wurde diese Technologie auch für breitere Anwendungen in Betracht gezogen. Aus heutiger Sicht bietet der Energieträger Wasserstoff in Verbindung mit Brennstoffzellen eine ernstzunehmende Möglichkeit, um sich von Kohle und Öl zu lösen und den Übergang in eine Wasserstoffwirtschaft zu schaffen.

Die Brennstoffzelle könnte also die Energiequelle der Zukunft werden. Sie liefert Strom ohne mechanische Teile und verursacht dabei weder Lärm noch Abgase. Das Wasser kann wieder verwendet werden, die Astronauten in der Internationalen Raumstation nutzen es sogar als Trinkwasser. Da Wasserstoff ein relativ gefährliches Gas ist, das niemand gern im Haus hat (Gefahr der Knallgas-Bildung), nutzen die meisten am Markt verfügbaren Brennstoffzellen Erdgas als Brennstoff. Um aus Erdgas Wasserstoff herzustellen, wird es zunächst durch einen Reformer (der Teil der Anlage ist) geleitet, in dem die Kohlenwasserstoffe (insbesondere Methan CH_4) in Wasserstoff und Kohlendioxyd zerlegt werden. Brennstoffzellen wandeln 35 – 60% der Brennstoffenergie in elektrischen Strom um, so dass weniger Abwärme anfällt als beim BHKW. Langfristig gesehen kann der Energieträger Wasserstoff aus erneuerbaren Energiequellen gewonnen werden: Wasserstoff lässt sich durch die Elektrolyse von Wasser aus überschüssigem Sonnen- und Windstrom herstellen. Er kann ggf. auch in Methan umgewandelt und über das bestehende Erdgasnetz verteilt werden.

Große Automobilkonzerne wie Daimler-Benz und Toyota forschen seit Jahrzehnten daran, Autos mit Brennstoffzellen anzutreiben. Erste Modelle sollen in den kommenden Jahren auf den Markt kommen. Kritisch sind nach wie vor die hohen Herstellungskosten. Das liegt unter anderem an dem für die elektrolytische Trennung notwendigen Katalysatormaterial – Platin ist eines der teuersten Edelmetalle der Welt – und an der nach wie vor nicht perfekten Membran, die Wasserstoff und Sauerstoff in der Zelle trennt. Etwa 45% des Autopreises entfällt allein auf die Brennstoffzelle. Deshalb ist es bis heute schwierig, ein Wasserstoff-Auto unter 50.000 € herzustellen.

Um in Deutschland die Entwicklung voranzubringen, wurde das „Nationale Innovationsprogramm Wasserstoff- und Brennstoffzellentechnologie“ (NIP) geschaffen. In

Berlin, Köln und Hamburg laufen seit einigen Jahren Versuche mit Brennstoffzellen-Bussen im öffentlichen Nahverkehr. Die Reichweite mit etwa 250 km und ein Tankvorgang, der fast so schnell ist wie an einer normalen Zapfsäule, machen diesen umweltfreundlichen, weil abgasfreien Elektroantrieb interessant für die Großstadt.

Bereits im Jahr 2008 startete das Bundesministerium für Verkehr und digitale Infrastruktur (BMVI) gemeinsam mit Partnern aus der Wirtschaft unter dem Namen Callux den bundesweit größten Praxistest von Brennstoffzellen-Heizgeräten fürs Eigenheim. Dadurch waren 2014 in Deutschland bereits etwas mehr als 400 Brennstoffzellen-Anlagen in Eigenheimen[22] in Betrieb. Der Callus-Praxistest wurde 2015 mit zufriedenstellendem Ergebnis beendet. Seit 2016 sind verschiedene Brennstoffzellen frei am Markt erhältlich. Doch die erwartete Nachfrage blieb wegen der hohen Anschaffungskosten zunächst aus. Bis in das Jahr 2020 wurden etwa 13.000 Anlagen gefördert, Tendenz steigend. Kleine Stromerzeuger für den Campingbedarf sind begehrt. Diese liefern etwa 75 W und können mit einer Tankpatrone ca. 4 Wochen lang die Bordbatterie eines Wohnmobils speisen und Kleinverbraucher laden.

Inzwischen haben etliche große Heizungshersteller diese Technologie aufgegriffen und zeigen auf Messen erste Serienmodelle der stromerzeugenden Brennstoffzelle, in Kombination mit einem gewöhnlichen Heizkessel für die Wärme-Spitzenlast. Die elektrische Leistung der Geräte ist mit 1 kW und 1 kW thermisch (Wärme) so gering, dass der erzeugte Strom (ca. 16 – 20 kWh/Tag) im Haus weitgehend selbst verbraucht und die Abwärme für Heizung und Warmwasserbereitung vollständig genutzt werden kann.

54: Der Callux-Praxis-Test von Brennstoffzellen-Geräten in Privathaushalten diente der praktischen Erprobung der gekoppelten Erzeugung von Strom und Wärme durch verschiedene Brennstoffzellen-Technologien.

Das spart bis zu 30% an Primärenergie gegenüber der getrennten Erzeugung mit Strom und Wärme und ermöglicht eine Laufzeit der Brennstoffzelle von mindestens 3500 – 4000 h/a, die für einen einigermaßen wirtschaftlichen Betrieb nötig ist.

Die relativ hohen Kosten der Brennstoffzellen-Geräte behindern, wie gesagt, derzeit eine breite Anwendung. Trotz Förderung durch das BAFA bzw. die KfW und langer Betriebsdauer (4000 h/a) sind die Kosten für Abschreibung und Brennstoffbezug für den Hausbesitzer in einer Wirtschaftlichkeitsrechnung oft höher als die Erlöse aus vermiedenem Netzstrom-Bezug und den vermiedenen Kosten der genutzten Wärme. Den selbst erzeugten Strom in einer Batterie zu puffern und ihn bei Netzausfall für eine Inselstromversorgung einzusetzen, könnte ein zusätzlicher Nutzen sein, der diese Geräte trotz der beträchtlichen Investition (30.000 – 35.000 €, ohne Förderung) für manchen Hausbesitzer attraktiv macht. Voraussetzung ist eine Steuerung, welche einen Inselbetrieb des Wechselrichters im Gerät zulässt. Positiv sind auch die deutlichen CO_2- und Primärenergie-Einsparungen im Vergleich zu einem Erdgas-Brennwertkessel für die Wärmeerzeugung und dem Strombezug aus dem öffentlichen Netz.

Kombiniert man die Brennstoffzelle mit Photovoltaik, kann man die Stromversorgung und ggf. auch eine Elektro-Mobilität komplett mit elektrischer Energie abdecken – im Sommer mit Solargeneratoren, im Winter mit Brennstoffzellen, in der Nacht aus dem Stromspeicher. Dabei wird ein guter Teil der notwendigen Wärme gleich mit erzeugt, ohne Probleme mit Abgasen. Bleibt zu hoffen, dass sich die Brennstoffzelle in Zukunft stärker durchsetzen wird. Das Problem des sicheren Umgangs mit Wasserstoff, der sich mit Sauerstoff zum hochexplosiven „Knallgas“ verbindet, ist noch nicht zufriedenstellend gelöst. Einen Ausweg bieten die Umwandlung in Methan und dessen Transport im bestehenden Erdgasnetz. Sollte sich die Brennstoffzelle (für Erdgas) als robust und alltagstauglich erweisen, wäre das ein großer Schritt, um mittelfristig fossile Energieträger durch regenerative Energien zu ersetzen. Weitergehende Informationen zu Brennstoffzellen-Heizgeräten gibt es bei der „Initiative Brennstoffzelle“ (www.ibz-info.de).

Sonnenenergie

Man kann die Sonnenenergie thermisch nutzen: Beispielsweise können durch Bündelung der Sonnenstrahlen mit Hilfe vieler großflächiger Spiegel auf einen Absorber Medien wie z.B. Wasser oder ein Thermoöl so weit erhitzen werden, dass Dampf entsteht, der dann eine Turbine zur Stromerzeugung antreibt. Solche Großanlagen zur thermischen Solarenergienutzung werden auch als Solarkraftwerke bezeichnet. Die erste derartige Anlage zur thermischen Solarenergienutzung gab es bereits 1912 in Ägypten. Solare Großanlagen können heute Dampf bis 500°C erzeugen. Dieser unter hohem Druck stehende Dampf wird direkt einer Dampfturbine zugeführt, welche einen Generator zur Stromerzeugung antreibt. Interessanterweise liegt der Wirkungsgrad solcher Anlagen höher als bei Photovoltaikanlagen. Wegen der erforderlichen Mindestgröße sind solche Anlagen für den Heimgebrauch allerdings ungeeignet. Zudem ist ein wirtschaftlicher

Betrieb nur bei ausreichender Sonneneinstrahlung möglich, z.B. in den sonnenreichen Regionen am Mittelmeer.

Einfacher und auch für kleine dezentrale Anlagen geeignet ist die direkte Umwandlung des Sonnenlichtes in elektrischen Strom mit Hilfe von Solarzellen. Diese Technik wird auch Photovoltaik, kurz PV, genannt. Eine einzelne Siliziumzelle erzeugt bei entsprechender Beleuchtung zwar „nur" eine Gleichspannung von etwa 0,5 V; in der Praxis werden jedoch viele Zellen (ca. 30 – 200) hintereinander geschaltet und mechanisch zu einem Solarmodul zusammengefasst, welches dann je nach Größe und Zellenzahl eine typische Spannung zwischen 15 und 100 V liefert. Der verfügbare Gleichstrom an den Anschlussklemmen des Moduls hängt von der Zellengröße und der Intensität der Bestrahlung ab. Der Umwandlungswirkungsgrad „Licht in Strom" beträgt je nach Zellentyp 6 – 20%. Spitzenzellen erreichen heute einen Umwandlungswirkungsgrad bis 30%. Solche Module sind so kostenintensiv, dass sie derzeit nur in der Raumfahrt eingesetzt werden. Amerikanischen Forschern ist es 2020 im Laborversuch gelungen, Zellen mit einem Wirkungsgrad von 47,1% zu konstruieren. Das lässt hoffen. Begnügen wir uns aber an dieser Stelle mit den handelsüblichen Modulen.

Die Nennleistung eines Solarmoduls, angegeben in $Watt_{peak}$ (W_p), bezieht sich stets auf eine maximale Sonneneinstrahlung, die in der Normung mit 1000 W/m^2 angesetzt wird. In seltenen Fällen kann die tatsächliche Einstrahlung in der Natur sogar etwas höher sein. Es können mehrere Solarmodule (gleichen Typs) durch Parallel- und Hintereinanderschaltung zu einer größeren PV-Anlage zusammengeschaltet werden. Bei Hintereinanderschaltung vervielfacht sich die Spannung des einzelnen Moduls, bei Parallelschaltung vervielfacht sich der verfügbare Strom bei gleichbleibender Spannung. Auf diese Weise lassen sich große bis sehr große PV-Anlagen erstellen, deren Nennleistung bis in den Megawatt-Bereich geht und die teilweise auch als PV-Kraftwerke bezeichnet werden. Typische Hausanlagen haben heute Leistungen zwischen 2 und 6 kW_{peak}, weil

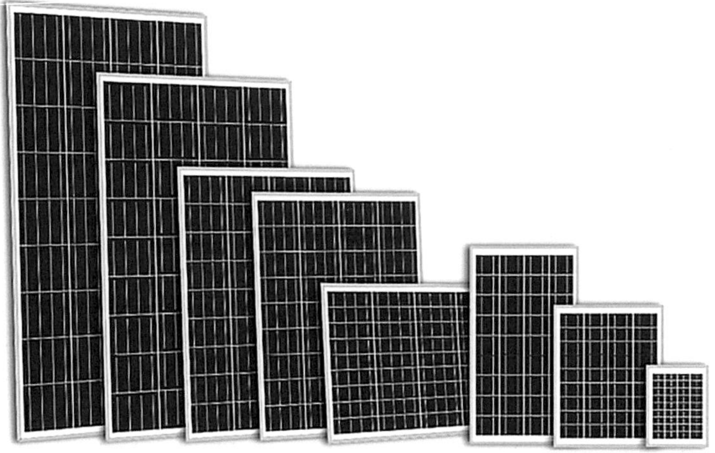

55: PV-Module gibt es in vielen verschiedenen Größen und Formaten

sie gerade noch auf einem Hausdach Platz finden und im Jahresmittel etwa so viel Strom erzeugen, wie im Haushalt verbraucht wird.

Bei 15% Zellenwirkungsgrad und voller Sonneneinstrahlung (1000 W/m^2) liefert 1 m^2 PV-Anlage also 150 Watt Strom, eine 10 m^2-Anlage folglich 1500 Watt Nennleistung. Da die Zellen auch bei bedecktem Himmel, also bei geringerer Einstrahlung, arbeiten, produziert eine PV-Anlage den ganzen Tag über Strom, wobei die Ausbeute der schwankenden Einstrahlung folgt.

Derzeit sind im Wesentlichen 3 Zelltypen gebräuchlich, die sich durch die Herstellungstechnologie unterscheiden:

- *Monokristalline Zellen* erkennt man an ihrer oft tiefschwarzen Farbe. Sie erreichen von allen Zellentypen den höchsten Wirkungsgrad von 18 – 20%. Deshalb sind Module mit monokristallinen Zellen überall dort besonders gefragt, wo der Platz für einen Solargenerator begrenzt ist. Aufgrund ihrer energieaufwendigen Herstellung sind sie teurer als andere Modultypen.

- Bei der Herstellung *polykristalliner Zellen* wird das Ausgangsmaterial Reinst-Silizium zunächst in Blöcke gegossen, aus denen anschließend dünne Scheiben gesägt werden. Durch den geringeren Fertigungsaufwand sind polykristalline Module preiswerter als monokristalline Zellen, haben aber mit etwa 12 – 16% einen geringeren Wirkungsgrad als monokristalline Zellen. Zu erkennen sind die Zellen an den wenig abgeschrägten Ecken der einzelnen Wafer und der meist bläulich schimmernden Oberfläche mit sichtbaren Kristallstrukturen. Polykristalline Module werden derzeit am häufigsten verkauft.

- *Amorphe Module* sind wesentlich dünner als kristalline Module. Sie werden durch Aufdampfen einer 1 – 2 µm dünnen Siliziumschicht auf ein Trägermaterial hergestellt. Durch den erheblich reduzierten Einsatz von Silizium und den vergleichsweise einfachen Herstellungsprozess sind die Herstellungskosten deutlich günstiger. Allerdings beträgt der Wirkungsgrad dieser Zellen auch nur etwa 6 – 10%. Diese Zellen sind deswegen nicht schlechter, sie besitzen andere Vorzüge, benötigen nur mehr Platz, um die gleiche elektrische Leistung und Energie zu erzeugen. Zu erkennen sind die Module an der meist rahmenlosen Glasträgerschicht und einer flächig aufgetragenen Halbleiterschicht. Alu- oder Edelstahlrahmen, Rückseitenglas und Laminierschicht finden sich auch bei den anderen beiden Zellen- bzw. Modultypen.

Eigentlich ist es egal, für welche Art von Modulen Sie sich entscheiden, die Stromerzeugung mit Solarzellen ist fast immer eine lohnende Variante der ökologischen Stromversorgung, vorausgesetzt, Sie besitzen genügend besonnte Flächen, z.B. ein Hausdach oder auch eine freie Fläche im Garten oder auf dem Carport, um die Solarmodule möglichst verschattungsfrei und nach Süden orientiert aufzustellen. Die Sonnenenergie gibt es kostenlos und die Solarmodule sind in den letzten Jahren, nicht zuletzt durch den Eintritt

Chinas in die großindustrielle PV-Fertigung, vergleichsweise sehr preiswert geworden! Der Preis für die reinen PV-Module liegt derzeit bei 550 – 800 €/kW_{peak}.

Eine neue Innovation gibt es seit 2021. Die Produktpiraterie verwendet leider bekannte Markennamen für gefälschte PV-Module. Da werden preiswerte Module mit geringer Qualität und Leistung, mit kurzer Lebensdauer und hoher Degradation verkauft. Vom Laien sind sie kaum von den hochwertigen Modulen zu unterscheiden. Zukünftig integriert das deutsche Unternehmen AE Solar sogenannte NFC-Chips in jedes Solarmodul. Diese lassen sich per Handy auslesen und damit die Echtheit überprüfen sowie weitere Modulkennzahlen abrufen. Die kostenlose AE Solar-App für IOS und Android gibt es unter https://ae-solar.com/de/ae-solar-app/ oder im Appstore.

Autonome PV-Anlagen

Der von den Solarmodulen produzierte Gleichstrom kann direkt genutzt werden, um unter Zwischenschaltung eines Ladereglers einen Akku aufzuladen und das strahlungsabhängige Stromangebot zu speichern. Bei kleinen Anlagen dient typischerweise ein 12 V-Bleiakku als Speicher. Solarmodule mit 34 bis 38 Zellen (17 – 19 V Nennspannung)

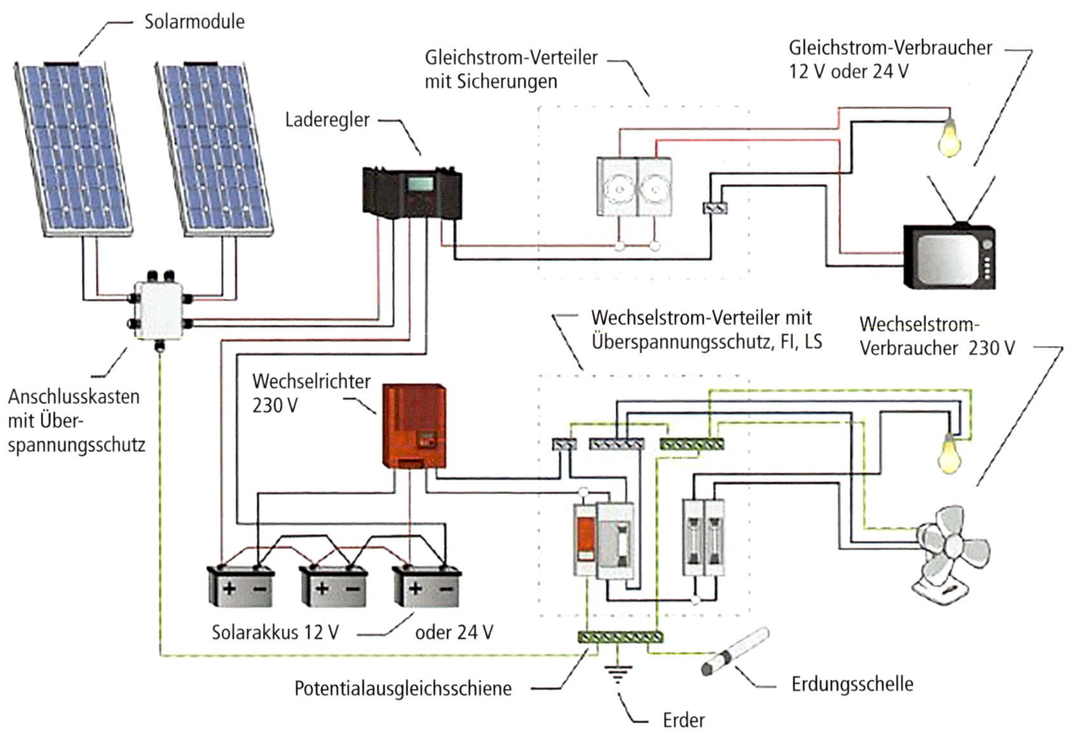

56: Schaltbild einer netzunabhängigen Stromversorgungsanlage mit Solargenerator, Akkus und Wechselrichter. Quelle: www.oeko-energie.de

reichen aus, um eine für das Laden des Akkus ausreichende Spannung zu erzeugen. Ein Laderegler sorgt dafür, dass die Batterie nicht überladen wird, er schaltet den Solargenerator ab, wenn der Akku voll ist und die Ladeschlussspannung überschritten wird. Umgekehrt sorgt er auch dafür, dass keine Tiefentladung stattfindet, d.h. er schaltet die Verbraucher beim Unterschreiten der Ladeschlussspannung ab.

„SolarHomeSystem" ist die Bezeichnung für so ein einfaches Photovoltaik-Inselsystem, dessen Hauptzweck die Versorgung von Hütten, Booten und Wohnmobilen mit Licht ist. Ein oder zwei Solarmodule mit einer Leistung von insgesamt 50 – 130 W_p reichen in Verbindung mit einem 12 V- oder 24 V-Bleiakku (Kapazität 60 – 120 Ah) aus, um Energiesparlampen mit 12 V bzw. 24 V Gleichspannung zu betreiben. Oft werden solche Anlagen auch genutzt, um Handys zu laden oder einen kleinen Fernseher/Radio zu betreiben. In den Sommermonaten kann der Ertrag einer solchen Anlage sogar ausreichen, um einen effizienten Camping-Kühlschrank (Kompressormodell) mit 12 V- oder 24 V-Gleichspannung oder einen 230 V-Wechselrichter mit max. 100 – 200 Watt Leistung zu betreiben. Auch eine bescheidene Notstromversorgung der häuslichen Wohnung kann auf diese Weise relativ kostengünstig realisiert werden. Für die Versorgung der Heizung (Steuerung, Umwälzpumpe), der Beleuchtung und Kommunikationstechnik ist so eine Anlage aber eher zu klein bemessen, vor allem, wenn der Strom hauptsächlich im Winter bei wenig Sonneneinstrahlung gebraucht wird.

Steigert man die Leistung des Solargenerators durch zusätzliche oder größere PV-Module und wählt auch für den Akku eine größere Kapazität, wächst das einfache SolarHomeSystem zu einer autonomen Stromversorgungsanlage oder Inselstromversorgung heran. Bei ausreichender Akkukapazität können mit einem starken Wechselrichter auch 230 V-Netzspannung und Leistungen von 1 – 3 kW bereitgestellt werden, ausreichend für die meisten Großgeräte in einem Haushalt. In der Praxis ist die Leistung einer autonomen Stromversorgungsanlage nach oben offen und lässt sich an beinahe jeden Bedarf anpassen. Mit der Größe des Solargenerators und der Batteriekapazität steigen natürlich auch die Kosten.

Bei größeren Leistungen führt die geringe Akkuspannung von 12 V zu so hohen Strömen, dass es besser ist, auf 24 V, 36 V oder 48 V Batteriespannung umzusteigen. Für eine Systemspannung von 36 V sind heute auch Lithium-Ionen-Akkus (10 Zellen in Serie) einsetzbar. Die Auswahl an Verbrauchern ist bei 36 V und 48 V nicht so groß wie für 12 V und 24 V. Als Akkus werden generell Typen verwendet, die eine hohe Zyklenfestigkeit (Ladung und Entladung) aufweisen, bei Bleiakkus sogenannte Solarbatterien oder auch große ortsfeste Akkus mit Röhrchen-Panzerplatten. Diese haben einen etwas anderen Aufbau als Starterbatterien, wie sie in Kraftfahrzeugen verwendet werden, sie sind zyklenfester und erheblich langlebiger. Im Vergleich zu allen anderen Akkumulatortypen weist der Bleiakku immer noch die geringsten Kosten pro gespeicherter Energieeinheit (kWh) auf.

Zum Betrieb von Wechselstromverbrauchern (z.B. 230V-Fernseher) ist ein Insel-Wechselrichter notwendig, der die Gleichspannung des Akkus in Wechselspannung umwandelt. Inselwechselrichter sind netzbildende Stromerzeuger, d.h. sie erzeugen selbstständig eine netzkonforme Wechselspannung (230 V, 50 Hz) und stellen Wirk- und Blindleistung zur Verfügung. Zur Netzeinspeisung sind demgegenüber netzgeführte Wechselrichter erforderlich, die es inzwischen aber auch mit einer Option für die Umschaltung auf Inselbetrieb gibt.

Es ist jedoch zu bedenken, dass Insellösungen auch Nachteile haben und an Grenzen stoßen. Erst einmal ist der Aufwand für den Speicher vergleichsweise hoch. Akkus sind teuer und haben eine relativ begrenzte Lebensdauer. Der Speicherwirkungsgrad von Bleiakkus ist mit 80 – 85% auch nicht gerade ideal. Wenn an sonnenreichen Tagen die Akkus schon am Mittag aufgeladen sind, begrenzen moderne Laderegler den Stromfluss, um den Akku zu schonen. Fehlen dann weitere Verbraucher, bleibt die Anlage unter ihren Möglichkeiten, bzw. es stellt sich die Frage nach einer sinnvollen Verwertung des Überschusses. Im Winter dagegen, wenn tendenziell mehr Strom gebraucht wird als im Sommer, ist die Erzeugung mangels Sonneneinstrahlung deutlich geringer als im Sommer, so dass es zu Versorgungsengpässen kommen kann, wenn nicht ausdrücklich für den Winterbedarf dimensioniert wurde. Letzteres aber kann zu erheblichen nicht nutzbaren Überschüssen im Sommer führen. Ein Ausweg aus dem Dilemma besteht darin, neben der Sonnenenergie noch einen anderen Energieträger zum Aufladen des Akkus zu erschließen, z.B. durch ein Windrad oder auch nur durch ein einfaches Notstromaggregat für „schlechte Zeiten".

PV-Anlagen zur Netzeinspeisung

PV-Anlagen zur Netzeinspeisung sind vergleichsweise einfach aufgebaut: neben dem Solargenerator gibt es nur noch einen netzgeführten Wechselrichter und die für alle Einspeiseanlagen obligatorische allpolige Netztrennstelle und den Einspeisezähler. Aufgrund der genannten Nachteile von Inselstrom-Anlagen ist man schon in den 1990er-

Blockschaltbild einer PV-Anlage
Die Solarmodule mit den Solarzellen liefern einen Gleichstrom an den Wechselrichter. Dieser verwandelt den Gleichstrom in netzkonformen Wechselstrom, überwacht viele Betriebsparameter und stellt die Netztrennung bei Stromausfall sicher.

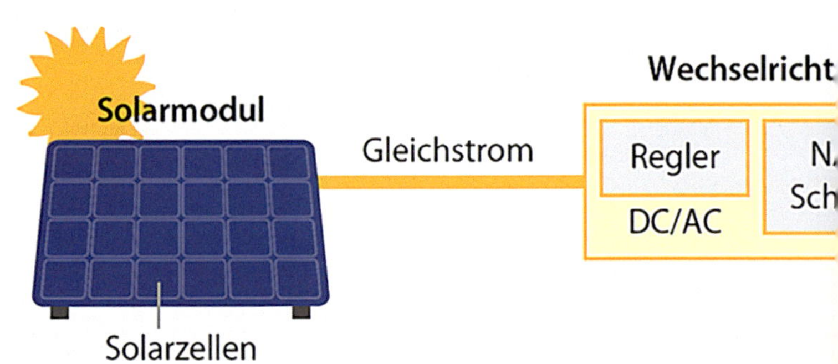

57: Blockschaltbild einer PV-Anlage

Jahren dazu übergegangen, bei Photovoltaikanlagen die Netzeinspeisung zu favorisieren. Der Teil des elektrischen Stroms, der nicht im eigenen Haushalt verbraucht werden kann, wird ohne Speicher und Speicherverluste den anderen Netzteilnehmern zur Verfügung gestellt. Die ins Netz eingespeiste Energie wird über einen Einspeisezähler abgerechnet und vergütet. Zur starken Verbreitung der PV-Anlagen hat ganz wesentlich die staatliche Förderung beigetragen, die eine kostendeckende Einspeisevergütung von anfangs über 50 ct/kWh mit einer Fördergarantie für 20 Jahre vorsah. Der Vergütungssatz wurde in den letzten Jahren wegen der stark zurückgegangenen Systemkosten ständig nach unten korrigiert. Heute, d.h. Juli 2021, beträgt die Einspeisevergütung für PV-Strom aus Hausanlagen noch 7,47 ct/kWh, also weniger als ein Drittel dessen, was der Strombezug aus dem Netz kostet.

Für Einfamilienhäuser werden heute PV-Anlagen mit Nennleistungen zwischen 2 und 5 kW_{peak} empfohlen, sofern genügend unverschattete Fläche für die Montage der Module zur Verfügung steht. Eine PV-Anlage zur Netzeinspeisung, auf einem Hausdach montiert, kostet derzeit mit Montage zwischen 1200 und 1500 € je kW Nennleistung (bzw. kW_{peak}), Tendenz fallend. Eine 1 kW_{peak}-Anlage kann in Deutschland bei durchschnittlicher Sonneneinstrahlung eine Strommenge von 800 – 1000 kWh/Jahr produzieren, liefert bei 0,31 €/kWh Netzstromkosten also Strom im Wert von immerhin 248 bis 310 €/a. Die auf dem Hausdach montierten PV-Anlagen zur Netzeinspeisung werden in der Regel so bemessen, dass sie den typischen Stromverbrauch eines Haushaltes (4000 kWh/a ≅ 11 kWh/d) zu einem guten Teil vor Ort erzeugen können. Natürlich stimmt der zeitliche Verlauf der solaren Stromerzeugung (höchste Leistung zur Mittagszeit) nicht unbedingt mit dem Stromverbrauch im Haushalt (Spitzenverbräuche morgens und abends) überein. Daher ist die Netzkoppelung sehr praktisch, weil alle Überschüsse, die nicht selbst verbraucht werden können, ins Netz eingespeist werden.

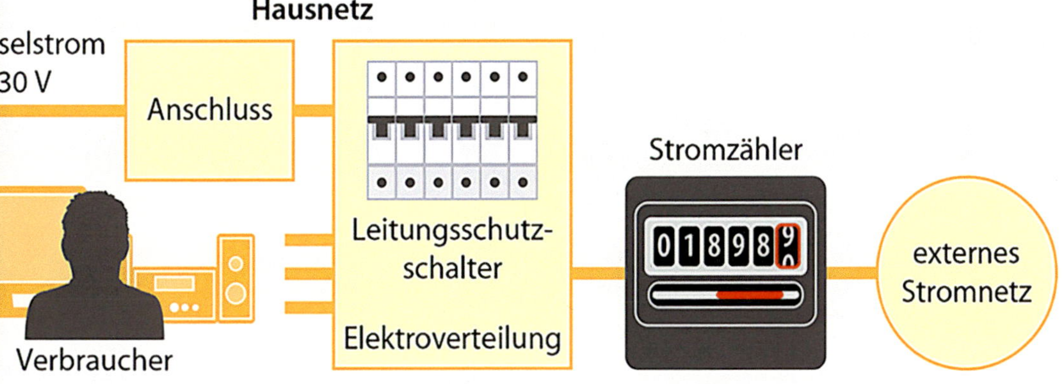

Die Netzeinspeisung muss bei dem zuständigen Energieversorgungsunternehmen bzw. bei der Bundesnetzagentur angemeldet werden. Der Anschluss kann Ihnen zwar nicht verwehrt werden, ist jedoch mit einer Reihe von Auflagen verbunden. Einerseits muss sichergestellt sein, dass die Einspeisung absolut netzsynchron erfolgt und die Solaranlage im Falle einer Netzabschaltung sofort vom Wechselrichter getrennt wird, um bei Reparaturarbeiten am Leitungsnetz niemanden zu gefährden. Andererseits muss auch dafür gesorgt werden, dass Ihre Photovoltaik-Anlage das öffentliche Netz nicht überlastet. In der Regel geschieht das durch das sogenannte Einspeisemanagement.

Als die Einspeisevergütung noch deutlich über dem Preis von normalem Haushaltsstrom lag, war die Interessenlage bei einer privaten Photovoltaikanlage klar: möglichst den gesamten erzeugten Solarstrom ins Netz einspeisen und den eigenen Stromverbrauch aus dem Netz beziehen. Die Wirtschaftlichkeitsberechnung dieser Anlagen war darauf ausgelegt, den kompletten Strom einzuspeisen, um die Anlage, die früher noch weitaus mehr gekostet hat als heute, über den Stromverkauf zu refinanzieren. Seitdem die Einspeisevergütung vor ein paar Jahren immer weiter unter den Strompreis von rund 30 ct/kWh für den Haushaltsstrom gesunken ist, macht es für Hausbesitzer heute mehr Sinn, möglichst viel Solarstrom selbst zu verbrauchen. Denn die Deckungsbeiträge durch den vermiedenen Netzstrom-Bezug sind höher als die Vergütung für den eingespeisten Strom. Um den Anteil des selbstgenutzten Stroms zu steigern, machen Batteriespeicher nun auch bei netzgekoppelten Anlagen Sinn. Durch sie kann der Anteil des selbstgenutzten Stroms von 20 – 30% ohne Speicher auf 50 – 80% des Haushaltsstromverbrauches mit Speicher gesteigert werden. Die Hersteller von Wechselrichtern für solche An-

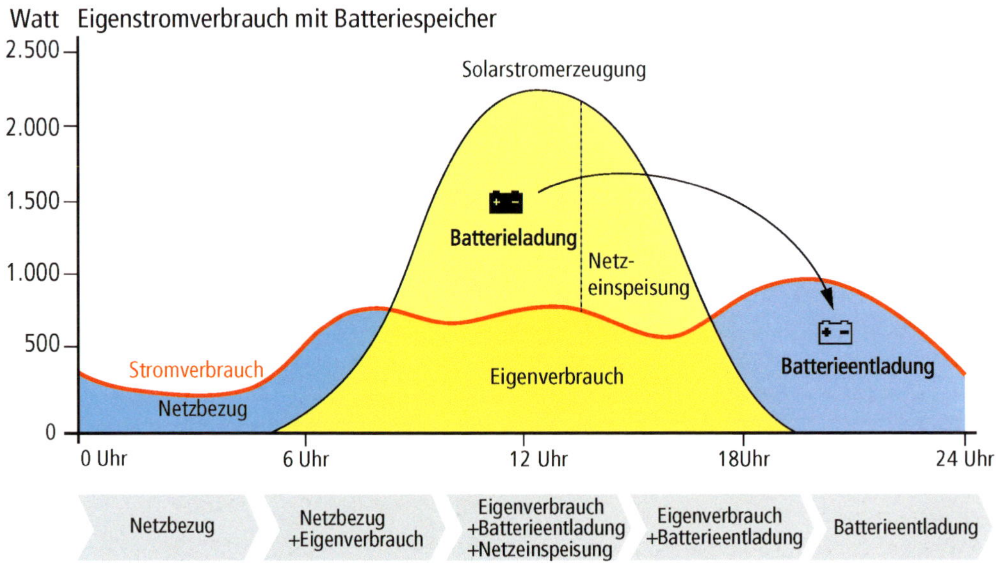

58: Anpassung einer PV-Anlage mit Batteriespeicher an das Verbrauchsprofil eines Hauses. Durch den Speicher kann die Eigenverbrauchsquote auf ca. 70% erhöht werden.

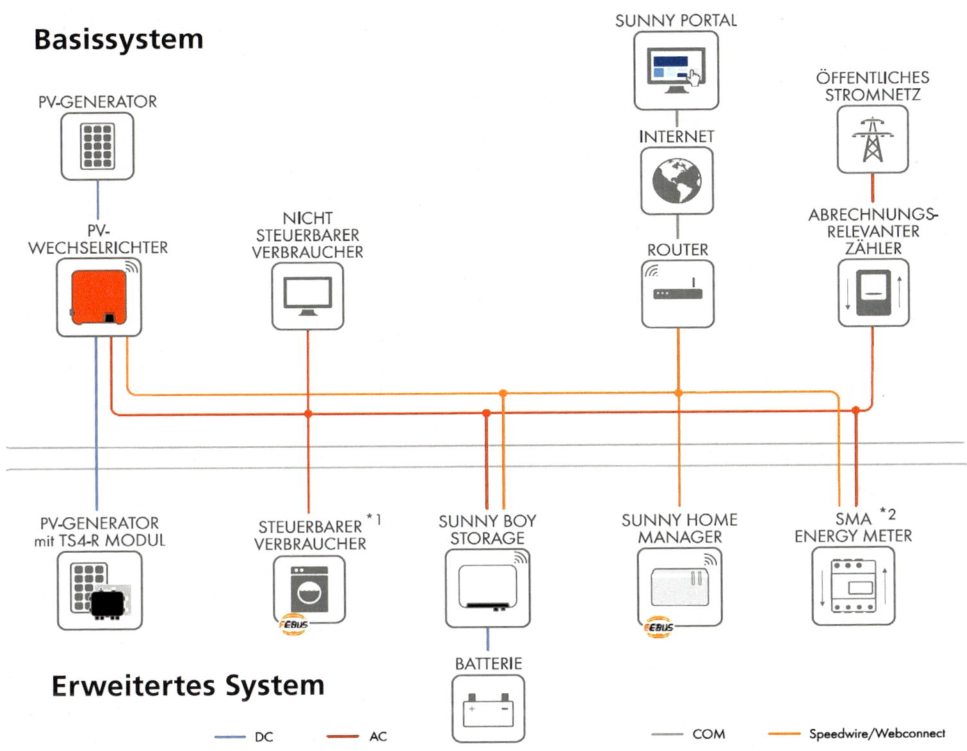

59: Systemschaltbild einer PV-Anlage zur Netzeinspeisung (Basissystem) und einer Erweiterung um einen Batteriespeicher mit Batterie- und Lastmanagement, welches bei Netzausfall auch eine netzunabhängige autonome Versorgung der Verbraucher ermöglicht.
Bild: SMA

60: Batteriespeicher Varta Home für PV-Anlagen zur Netzeinspeisung. Lithium-Ionen- Akku mit 2,8 – 6,9 kWh Kapazität und notstromfähigem Wechselrichter.
Foto: Varta Storage GmbH

lagen haben sich darauf eingestellt, dass nun auch Batteriespeicher ins System integriert werden, und haben ihre Wechselrichter um eine bidirektionale Ladegerätefunktion ergänzt. Damit kann der Solarstrom nun, sofern er nicht direkt verbraucht werden kann, zunächst dem Akku (heute in den meisten Fällen ein Lithium-Akku mit höherer Systemspannung) zugeführt und bei erhöhtem Strombedarf im Haushalt aus diesem auch wieder entnommen werden. Der netzgeführte Wechselrichter sorgt stets dafür, dass Solar- und Batteriestrom in netzkonformen Wechselstrom umgewandelt werden. Zur Zeit werden solche Batterien mit Speicherkapazitäten von ca. 5 – 20 kWh angeboten, die Systempreise für den Akku liegen bei 900 – 1600 € pro kWh Speicherkapazität.

Mit so einem großen Speicher ist eine netzgekoppelte Solarstromanlage eigentlich auch für die Inselstromversorgung bestens ausgestattet. Es bedarf lediglich eines Wechselrichters, der auch unabhängig vom Netz (und per Trennstelle abgekoppelt) konforme Wechselspannung erzeugen kann. Einige Wechselrichter-Hersteller bieten solche Geräte inzwischen an und dazu passend auch gleich einen Smart Home-Manager, der die Energieflüsse im Haus selbstlernend optimiert und sich über das Internet kontrollieren und bedienen lässt.

61: Zwei 200 W-Solarmodule mit integriertem Netzwechselrichter – eingebaut in die Balkonbrüstung einer Mietwohnung – speisen ihren Strom über eine Steckdose ins öffentliche Netz ein. Seit kurzem ist diese Form der Netzeinspeisung mit begrenzter PV-Leistung legal und mit den Regularien der VDE vereinbar.
Quelle: Deutsche Gesellschaft für Sonnenenergie, DGS Franken, Nürnberg

Guerilla-Solarstrom-Anlagen

Alternativ zu den großen Solarstromanlagen, die neuerdings zunehmend mit Batteriespeichern ausgestattet sind, werden neuerdings auch kleine, preiswerte sogenannte Guerilla-Solarstromanlagen angeboten, die von ihrer Größe her so ausgelegt sind, dass der gesamte Solarstrom auch ohne Speicher und ohne Einspeisezähler im eigenen Haus bzw. in der Wohnung weitestgehend verbraucht wird. Die dafür konzipierten Solarmodule haben meist eine Leistung von ca. 200 – 250 Watt und auf der Rückseite einen netzgeführten kleinen Modulwechselrichter eingebaut. Maximal 2 solcher Module können z.B. in einer Balkonbrüstung montiert, über einen Stecker an eine normale Haushaltssteckdose angeschlossen werden.

Das Bestechende an dieser Lösung besteht darin, Standard-Solarmodule ohne aufwendige Anlagentechnik über preiswerte Mikrowechselrichter direkt mit dem vorhandenen Stromnetz des Hauses oder der Wohnung zu verbinden, ohne Einspeisezähler und lästige Abrechnungen. Das klappt im einfachsten Fall über eine gewöhnliche Schutzkontakt-(Schuko-)-Steckdose. Sofern der Modulwechselrichter fehlerfrei arbeitet, besteht auch bei Netzausfall keine Gefahr gefährlicher Spannungen; denn wenn der Wechselrichter nicht mit dem 230-Volt-Netz verbunden ist und keine Wechselspannung sieht, schaltet er ab. Allerdings taugt die Guerilla-Anlage für eine Inselstromversorgung leider nicht.

Im Hinblick auf einen wirtschaftlichen Anlagenbetrieb muss man scharf kalkulieren: Bei Kosten von etwas unter 500 € für ein 200-240 W-Modul mit integriertem Wechselrichter (Nennleistung 200 W) liegt die lineare Abschreibung über 20 Jahre bei ca. 25 €/a. Der Stromertrag beträgt etwa 180 kWh/a. Wenn der Ertrag vollständig genutzt und der Strombezug aus dem Netz entsprechend verringert wird, bringt die Anlage jährliche Einsparungen von 180 kWh * 0,30 €/kWh = 54€, so dass sich die Anlage in ca. 9 Jahren amortisiert haben kann – was eigentlich nicht schlecht ist.

Um die Amortisationszeit jedoch richtig einzuschätzen, muss man sämtliche Kosten einrechnen. Schon für den Versand des großen und schweren Solarmoduls werden knapp 50 € fällig. Und um die Kosten für den fachmännischen Anschluss durch einen Elektriker (Stundensatz ca. 50 €/h) wieder einzuspielen, braucht eine so kleine Anlage nochmals mehrere Jahre Amortisationszeit. Wer den elektrischen Anschluss selbst ausführt, muss sehr sorgfältig arbeiten – schließlich muss die Verdrahtung mehr als ein Jahrzehnt lang bei Wind und Wetter halten. Je nach Montageort sind auch Brand- und Blitzschutz zu berücksichtigen. Wer Vorschriften verletzt, riskiert seinen Versicherungsschutz, was besonders bei Feuer teuer werden kann.

Alles in allem ist die Solarenergie trotzdem eine gute und sichere Anlage. Solarmodule produzieren über viele Jahre hinweg Strom, sie können durchaus mehr als 20 Jahre halten; oft wird eine Lebensdauer von 30 – 40 Jahren angeben. Erhält man die garantierte Einspeisevergütung des Energieversorgers, ist dies eine verlässliche Einnahmequelle. Von der Anfangsinvestition einmal abgesehen, entstehen im laufenden Betrieb kaum Kosten. Auch die Wartungskosten sind bei sorgfältig installierten Anlagen sehr gering, das einzige komplexe und beanspruchte Bauteil ist der Wechselrichter. Trotzdem kann eine Anlagenversicherung gegen Elementarschäden und Vandalismus sinnvoll sein.

Nachteilig sind die hohen Anschaffungskosten. Auch wenn Sie vom Energieunternehmen bzw. von der BAFA eine Förderung erhalten, dauert es viele Jahre, bis sich eine Anlage amortisiert. Zudem gehen die Stromerträge und Einnahmen im Laufe der Jahre etwas zurück, weil die Solarzellen alterungsbedingt an Leistungsfähigkeit verlieren. Doch bei einem Netzausfall ist Ihre Anlage Gold wert, vorausgesetzt, sie ist für einen Inselbetrieb gerüstet oder Sie können Ihre Anlage für eine Notstromversorgung umbauen.

Umfangreiche Erfahrungen mit dem Rückbau von PV-Anlagen gibt es bisher noch nicht; sollten Solarmodule frühzeitig defekt werden oder ausfallen, ist die Entsorgung dennoch kein Problem. Die europäische Industrievereinigung PV-Cycle übernimmt die kostenlose Entsorgung von alten PV-Modulen ihrer Mitgliedsproduzenten. Immerhin 95% der in einem Photovoltaikmodul verbauten Materialien können wiederverwertet werden. Nach der Aufarbeitung bleiben Glas, Metall, verschiedene Füllstoffe und Silizium zurück. Aus dem Silizium können wieder neue Zellen hergestellt werden. Zum Recycling von Silizium, also zur Wiedernutzbarmachung, muss dabei sogar weit weniger Energie (etwa 30%) aufgewendet werden, als bei dessen Herstellung.

Wasserkraftanlagen

Der Wasserkreislauf auf der Erde ist ständig im Fluss, ununterbrochen, Tag und Nacht, auch an windstillen Tagen, bei niedrigem Wasserstand ebenso wie bei Hochwasser und auch bei Eis und Schnee. Das Potential für eine energetische Nutzung der Wasserkraft steigt mit den regionalen Höhenunterschieden, d.h. je größer der Höhenunterschied in den Bächen und Flüssen, umso mehr Energie lässt sich potentiell aus Wasserkraft gewinnen. Um sie zu nutzen, muss man natürlich in der Nähe eines Baches oder Flusses wohnen und das Recht haben oder erwerben, die Wasserkraft zu nutzen.

Das Jahr hat 8.760 Stunden. Ebenso lange kann eine Wasserkraftanlage theoretisch laufen, es sei denn, durch anhaltende Trockenheit treten Niedrigwasserstände auf, bei denen die Wasserkraftanlage außer Betrieb gehen muss. Auch bei Hochwasser ist der Anlagenbetrieb nicht oder nur eingeschränkt möglich. Anhand von langjährigen Pegelaufzeichnungen ist im Rahmen einer Planung zu ermitteln, mit welchen Wassermengen in welchen Zeiträumen gerechnet werden kann. Wenn genügend Wasser zur Verfügung steht, so dass eine Anlage z.B. an 200 Tagen mit Nennleistung laufen kann (= 4800 h/a), ist ein wirtschaftlicher Betrieb im Allgemeinen möglich. Eine PV- oder Windkraftanlage erreicht solche Betriebszeiten in der Regel nicht, Photovoltaik-Anlagen sind höchstens 3.000 Stunden pro Jahr in Betrieb.

Der Anteil der Wasserkraft an der Stromerzeugung liegt in Norwegen bei 88%, in Österreich bei ca. 60%, in der Schweiz bei 56%, in Schweden bei 60% und in Frankreich bei 14%. Deutschland liegt in dieser Statistik mit knapp 2,8% weit hinten (2021). Das verwundert etwas, da in Deutschland eigentlich noch viele Möglichkeiten vorhanden wären.

62: Wasserkraftwerk mit 400 kW Nennleistung an einem kleinen Fluss im Schwarzwald. Das Wasser wird dem Fluss etwa 1100 m oberhalb entnommen und über eine unterirdische Rohrleitung mit 18,5 m Gefälle der Kaplan-Turbine im Turbinenhaus zugeführt. Baukosten: 6000 €/kW

Das gilt weniger für große Wasserkraftanlagen in Flüssen, deren Potential von den Energieversorgungsunternehmen weitestgehend genutzt ist. Chancen werden eher bei kleinen Wasserkraftanlagen an Bächen und oberen Flussläufen gesehen. Was steht hier einer stärkeren Nutzung entgegen? Liegt es vielleicht an einer behördlichen Überregulierung, die hemmend wirkt? Als beschränkendes Element für den Betrieb kleiner Wasserkraftanlagen wird heute der Mangel an geeigneten Standorten gesehen. Nur wenige Hausbesitzer verfügen über einen eigenen Bach oder Fluss im Garten, der dazu noch ausreichend Energie zur wirtschaftlichen Stromerzeugung liefert. Das Anzapfen öffentlicher Gewässer ist verständlicherweise nicht ohne Konzession möglich. Wer trotzdem mit diesem Gedanken spielt, sollte die örtlich geltenden Regelungen und Vorschriften beachten und zunächst das Gespräch mit den für das Nutzungsrecht zuständigen regionalen Behörden suchen.

Grundlagen der Genehmigungsplanung sind im Wasserhaushaltsgesetz (WHG) und in den Landeswassergesetzen verankert. Bei der Erteilung der wasserrechtlichen Genehmigung haben Wasserbehörde, Wasserwirtschaftsamt, Baugenehmigungs-, Gewerbe- und Naturschutzbehörden ein Mitspracherecht. Erfahrene Planungsbüros geben an, dass Genehmigungsverfahren für Wasserkraftwerke Jahrzehnte dauern können. Natürlich stecken in vielen Verordnungen auch sinnvolle Vorgaben. So ist ein Bach oder Fluss, wenn er künstlich aufgestaut wird, mit einer entsprechenden Fischtreppe auszustatten, um den Laichzug und die Wanderwege der Lebewesen im Gewässer nicht zu unterbrechen. Doch die Vielzahl der Vorgaben schafft einen Verordnungswirrwarr, den der Laie kaum überschauen kann.

Betrachten wir daher die Möglichkeiten, die eine Energienutzung bringen kann. Von allen regenerativen Energieformen besitzt die Wasserkraft die höchste mögliche Energieausbeute. Wasserkraft ist umweltfreundlich, zur Energieerzeugung werden keine wertvollen Rohstoffe verbraucht, das Wasserdargebot unterliegt kaum tageszeitlichen Schwankungen und vor allem entstehen bei der Nutzung keine schädlichen Rückstände. Als Richtwert der Investitionskosten für Kleinanlagen im Leistungsbereich 10 – 100 kW werden 4000 – 10.000 €/kW Nennleistung angegeben, je nach örtlich notwendigem Aufwand für den Bau der Stauanlage, für Rechen, Einlaufbauwerk Turbinenhaus und Turbine einschließlich der elektrischen Anlage. Bei einem Betrieb mit 4000 – 5000 Vollaststunden/Jahr können kalkulatorische Energiekosten von 10 – 20 ct/kWh erreicht

63: Es sieht zunächst aus wie eine ziemlich verrückte Idee und hat doch enorme Vorzüge – die Wasserkraftschnecke. Als Vorlage dient die aus der griechischen Antike bekannte archimedische Schraube. Zwar hatte Archimedes (287-212 v.Chr.) damit beabsichtigt, Wasser auf ein höheres Niveau zu befördern. Doch umgedreht funktioniert das System auch. Das herabfließende Wasser treibt die Schnecke an. Der durchschnittliche Wirkungsgrad erreicht erstaunlicherweise bis zu 90%, auch bei schwankenden Wasserständen und geringen Wassermengen. Dazu sind nicht einmal große Höhenunterschiede und Fließgeschwindigkeiten erforderlich. Schon etwa 1,5 m Höhenunterschied und 0,1m³/s Durchflussmenge liefern eine Leistung von 1,3 kW. Anders als bei den meisten Turbinenbauarten herrscht in der offenen Anordnung kein Druck, und die Welle bewegt sich verhältnismäßig langsam, etwa 20 bis 60 U/min. Gerade das macht diese Konstruktion so interessant. Fische, andere Wassertiere und Schwemmteilchen passieren dabei die Wasserkraftschnecke, ohne Schaden zu nehmen. Durch die relativ großen Kammern passt viel hindurch, so dass keine aufwendige Rechenanlage notwendig ist. Ein Grobrechen für das größere Treibgut reicht aus. Diese Wasserkraftanlage arbeitet vollautomatisch und kommt ohne Personal aus. Auch der Winterbetrieb läuft in der Regel störungsfrei.
Spezialisiert auf diese Technologie hat sich die deutsche Firma Rehart Group, die seit 2005 Erfahrungen auf diesem Gebiet gesammelt und verschiedene Anlagen errichtet hat (www.rehart-power.de).

werden, je nach Herstellungskosten der Anlage. Da die Stromerzeugung von Anlagen mit mehr als 2 kW Leistung in der Regel nicht selbst verbraucht werden kann, wird der Strom ins öffentliche Netz eingespeist und derzeit mit 12,15 ct/kWh für Kleinkraftanlagen bis 500KW (EEG 2021 §40) vergütet. Damit ist ein wirtschaftlicher Betrieb von kleinen Wasserkraftanlagen zwar grundsätzlich möglich, aber ganz wesentlich von günstigen örtlichen Bedingungen und sehr kostengünstiger Bauweise abhängig. Unter 10 kW Anlagenleistung wird der Aufwand für Planung und Genehmigungsverfahren von erfahrenen Planern als nicht lohnend eingestuft.

Die vorhandene Technik ist ausgereift, relativ einfach zu beherrschen und langlebig. Natürlich ist die Wasserkraftnutzung generell auch ein sinnvoller Beitrag zur CO_2-Reduzierung. Der Markt bietet Mini-Wasserkraftwerke in den verschiedensten Ausführungen an, selten jedoch in so kleinen Dimensionen, wie es für eine private Inselstromversorgung zum Eigenverbrauch des erzeugten Stromes angebracht wäre. In Anbetracht der wenigen geeigneten Standorte und des notwendigen Aufwandes für Planung und Bau einer Kleinst-Wasserkraftanlage haben Wasserkraftanlagen mit sehr kleiner Leistung geringe Bedeutung.

Windkraftanlagen

Wenn ich die Wahl hätte, zwischen Windgenerator und Solarzellen, dann würde ich den Solarzellen eindeutig den Vorzug geben. Warum? Sicher nicht, weil sich die Solaranlagen unauffälliger in die Landschaft integrieren, sondern hauptsächlich, weil die Sonnenenergie leichter beherrschbar ist als der Wind, und weil sich die Sonnenenergie fast flächendeckend nutzen lässt, während die Windgeschwindigkeiten nur in günstigen Lagen für eine energetische Nutzung hoch genug sind. In der allgemeinen Wahrnehmung der Menschen gibt es fast überall im Land windige Flecken, mancherorts wird der Wind als angenehmes Lüftchen wahrgenommen, anderenorts bläst der Wind gefühlt zwar kräftiger, aber meist sind es im Binnenland unstete Böen und Wirbel und nicht die gleichmäßige, kräftige Luftströmung, die für eine Nutzung der im Wind steckenden Kraft gebraucht wird.

Ich habe lange mit kleinen Windgeneratoren experimentiert und dabei eigene Beobachtungen angestellt. Wer im Herbst einen Drachen steigen lässt, hat mit Sicherheit die Abhängigkeit der Windstärke von der Höhe über dem Erdboden beobachtet. Während in Bodennähe fast Flaute herrscht, so dass sich der Drachen nur schwer aufziehen lässt, steht der Drachen gut im Wind, wenn man es erst geschafft hat, ihn bis auf 20 m Höhe hochzuziehen. Je nach Stetigkeit der Windströmung zieht oder ruckelt der Drachen dort kräftig an der Leine. Die Abhängigkeit des Windes von der Höhe über Grund ist für die energetische Nutzung von großer Bedeutung. Die Windkarte für Deutschland zeigt deutliche Unterschiede, je nachdem ob die Verhältnisse in 10 m Höhe oder in 80 m Höhe über Grund darstellt werden.

Die im Wind steckende nutzbare Windenergie – d.h. die aus der Luftbewegung entnommene kinetischen Energie, die in Elektroenergie umgewandelt werden kann –

64: Große Windkraftanlagen werden schon wegen der beträchtlichen Baukosten, nur dort errichtet, wo ausreichend Wind weht. Aufgrund ihrer Größe und der Gunst des Standortes eignen sie sich für eine auch unter wirtschaftlichen Gesichtspunkten sinnvolle Stromerzeugung. Den Strom müssen sie aufgrund ihrer Leistung ins öffentliche Mittelspannungsnetz einspeisen, eignen sich also nicht für eine netzferne Stromversorgung.

steigt mit der dritten Potenz der Windgeschwindigkeit. Das heißt, bei Verdoppelung der Windgeschwindigkeit ist im Windstrom die achtfache Energiemenge enthalten, die von den Rotoren teilweise in Rotationsenergie für den Stromgenerator umgewandelt wird. Deshalb ist es sinnvoll, Windgeneratoren vorzugsweise an Orten mit hohen Windgeschwindigkeiten aufzustellen. Die Erfahrung zeigt, dass eine nennenswerte Energiegewinnung unter 3,5 m/s Windgeschwindigkeit nicht stattfindet. Für eine halbwegs rentable Energiegewinnung sollte die mittlere Windgeschwindigkeit (d.h. der Jahresmittelwert) mindestens etwa 4,5 m/s oder mehr betragen. Bei Windgeschwindigkeiten über 15 m/s werden die Kräfte dann aber so groß, dass Vorkehrungen zum Schutz der Windkraftanlage getroffen werden müssen, um Beschädigungen oder Zerstörung der Anlage zu vermeiden. Durch die Abhängigkeit der Leistung von der 3. Potenz der Windgeschwindigkeit beträgt die Leistung bei 15 m/s nämlich bereits das 27fache der Leistung bei 5 m/s. Deshalb kommt es bei der Planung einer Windkraftanlage darauf an, zunächst einmal zu prüfen bzw. zu messen, ob überhaupt genügend Windenergiepotential am vorgesehenen Standort vorhanden ist, und ggf. durch gezielte Messungen einen optimalen Aufstellungsort zu ermitteln. Der Rotor sollte möglichst ungehindert vom Wind angeströmt werden. Innerhalb von bebauten Gebieten ist meist nicht mit günstigen Windverhältnissen zu rechnen.

Als Faustregeln können gelten:

- freie Anströmung des Windes aus westlicher Richtung (Hauptwindrichtung),
- Jahresmittel der Windgeschwindigkeit in Rotorhöhe mindestens 4 m/s (entspricht Windstärke 3 auf der Beaufort-Skala),
- Rotorhöhe möglichst doppelt so hoch wie die Nachbargebäude,
- Abstand von hohen Hindernissen mindestens das 20-fache der Höhe des Hindernisses,
- Windschneisen und Häuserschluchten können sich positiv auswirken.

66: Kleinstwindanlage des Verfassers mit 2 m Rotordurchmesser auf einem 9m-Mast. Laut Herstellerangaben soll die Anlage etwa 500 W Leistung bei 12 m/s liefern. In der Praxis lieferte sie bei Sturm kaum mehr als 200 W.

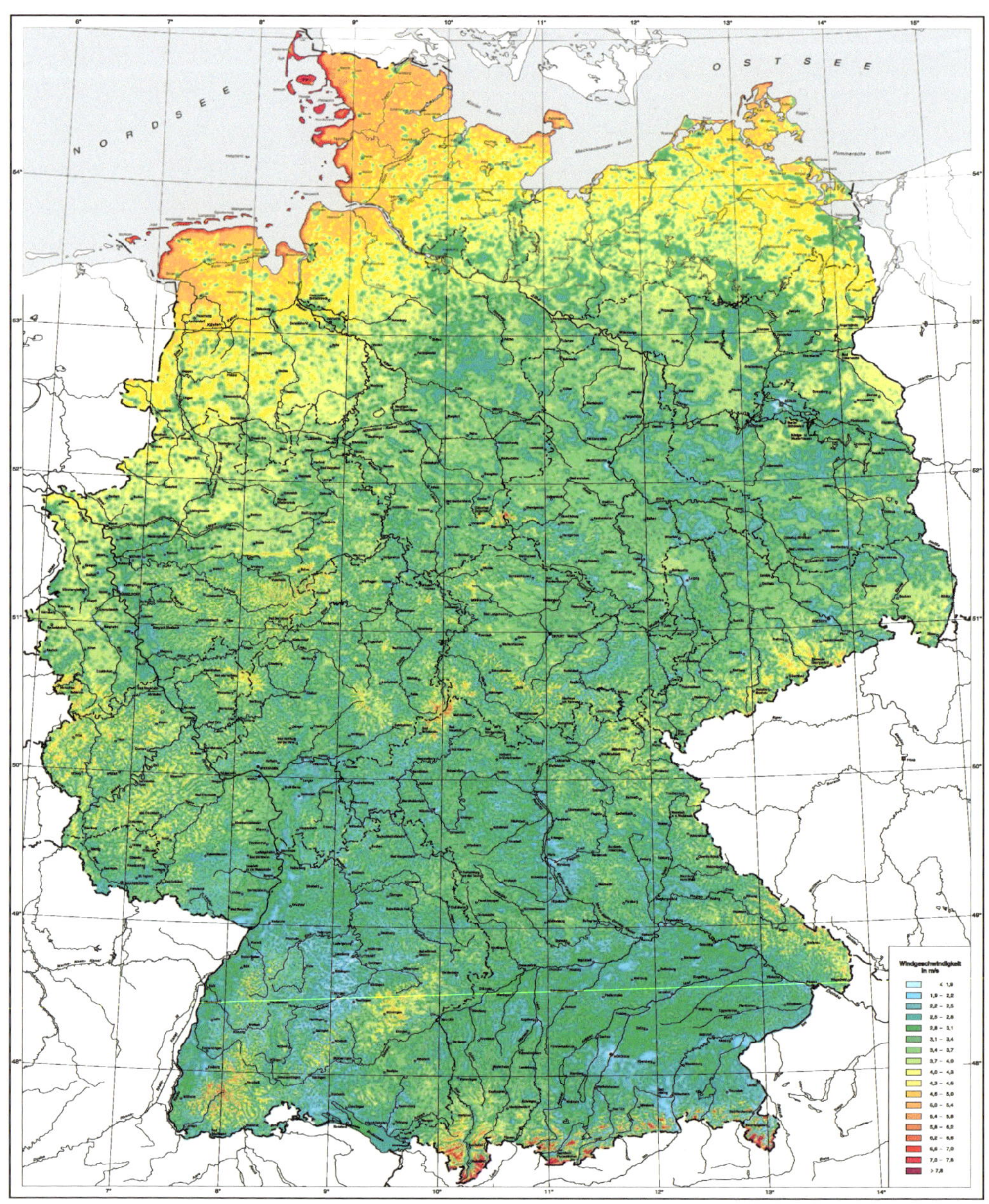

65: Mittlere Windgeschwindigkeiten in Deutschland 10 m über Grund. Erst ab einer mittleren Windgeschwindigkeit von 4,5 -5 m/s im Jahresmittel ist mit nennenswerten Erträgen zu rechnen. Alle grünen Gebiete fallen daher für die Windenergienutzung weitgehend aus. Standorte in diesem Bereich bedürfen einer besonderen individuellen Standortuntersuchung zur Absicherung des Potentials. Quelle: DWD, Deutscher Wetterdienst

Windstärke in Beaufort (Bft)	Windgeschwindigkeit		Bemerkungen	
	in m/s	in km/h		
0	0 – 0,3	0 – 1	Windstille	
1	0,3 – 1,6	1 – 6	leichter Zug	
2	1,6 – 3,4	6 – 12	leichte Briese	
3	3,4 – 5,5	12 – 20	schwache Brise	
4	5,5 – 8	20 – 29	mäßige Brise	Für Klein-WEA nutzbarer Bereich
5	8,0 – 10,8	29 – 39	frische Brise	
6	10,8 – 13,9	39 – 50	starker Wind	
7	13,9 – 17,2	50 – 62	steifer Wind	
8	17,2 – 20,8	62 – 75	stürmischer Wind	
9	20,8 – 24,5	75 – 88	Sturm	
10	24,5 – 28,5	88 – 103	schwerer Sturm	
11	28,5 – 32,7	103 – 118	orkanartiger Sturm	
12	> 32,7	> 118	Orkan	

Tabelle 8: Anders als die Windgeschwindigkeit ist die Windstärke keine physikalisch definierte Größe, sondern wird bei der Wettervorhersage zur Wetterbeschreibung benutzt. Weltweit hat sich dazu die Beaufortskala [B] durchgesetzt, bei der die Windstärke in 12 Kategorien eingeteilt wird. Sie wurde erstmals offiziell 1837 in der Seefahrt eingesetzt, ist jedoch vermutlich viel älter und wurde im 19. Jahrhundert mehrfach verändert. Während früher die Zuordnung subjektiv durch Beobachtung erfolgte, resultiert heute die Klassifizierung nach der Windgeschwindigkeit. Gemessen wird dabei ein 10-minütiger Mittelwert. Es ist also nicht die Spitze einer Windböe gemeint, deren Geschwindigkeit wesentlich höher sein kann, sondern ein Durchschnittswert. Da die Beaufortskala keine Einheit besitzt, spricht die Wetteransage z.B. bei einem starken Südostwind nur von „Süd-Südost 6".

Die frei zugänglichen Windkarten des Deutschen Wetterdienstes (DWD) können zwar als erste Orientierung dienen, nutzen aber für die lokale Suche wenig, da sie lokal zu unscharf sind. Um eine größere Planungssicherheit zu erlangen, sind Windmessungen am vorgesehenen Standort des Windrades unbedingt empfehlenswert.

Die Windgeschwindigkeit wird in Kilometer pro Stunde (km/h) oder Meter pro Sekunde (m/s) angegeben, die Hersteller von Windgeneratoren beziehen sich bei ihren Leistungsangaben auf eine bestimmte Windgeschwindigkeit in m/s. Bei einem Vergleich verschiedener Anlagen ist darauf zu achten, auf welche Windgeschwindigkeit die Nennleistung einer Anlage bezogen wird. Die Hersteller wählen hier ganz unterschiedliche Bezugsgeschwindigkeiten, die von 5 m/s bis 12 m/s reichen. Noch besser für die Leistungsbeurteilung ist daher ein Vergleich der Leistungskennlinien als Funktion der Windgeschwindigkeit.

Als Windkraftanlage (WKA) werden in der Regel große Anlagen bezeichnet, die ihre erzeugte Leistung direkt in das Stromnetz einspeisen. Der gelegentlich benutzte Begriff Windkraftkonverter (WKK) oder Windenergieanlage (WEA) meint das Gleiche. Heute werden an windgünstigen Standorten Großanlagen mit Nennleistungen zwischen 3 und 6 MW gebaut. Der Durchmesser dieser gigantischen Rotoren liegt zwischen 90 und 120 m, bei einer Nabenhöhe (dort liegt die Achse der Rotorblätter) bis etwa 180 m. Diese Anlagen sind so konzipiert, dass der Generator direkt in das öffentliche Netz einspeist. Das größte Windrad der Welt steht derzeit in Deutschland. Mit 246,4 m Höhe und einer Leistung von 8 MW ist es im Bremerhaven weithin sichtbar.

Für den Hausgebrauch sind eher kleinere Anlagen interessant, die auch in bebauter Umgebung aufgestellt werden dürfen. Zwei-, drei- und mehrblättrige Rotoren mit einem Rotordurchmesser von 2 bis 3 m und einer Masthöhe von 6 bis 15 m sind auch von Laien gerade noch beherrschbar. Man spricht von Klein-Windkraftanlagen oder Mikrowindturbinen. Solche für den Eigenbedarf und Inselbetrieb konzipierten Windgeneratoren werden auch auf Segeljachten und Wochenendgrundstücken eingesetzt. Sie liefern eine elektrische Leistung zwischen 50 und 500 W, je nach Größe und Windgeschwindigkeit. Etwas leistungsstärkere Anlagen mit einem Rotordurchmesser von 4 – 6 m können bis zu 2 kW Nennleistung liefern, sind aber am Markt schwieriger zu finden.

In Werbeprospekten werden kleine Windanlagen oftmals groß angepriesen, etwa mit der beeindruckenden Leistungsangabe „liefert 500 Watt bei ca. 12 m/s Windgeschwindigkeit". Das klingt nicht schlecht, kann jedoch für den Laien irreführend sein; denn hier wird quasi eine Maximalleistung bei Sturm angegeben. Haben Sie schon einmal überprüft, wie oft an Ihrem Standort Windstärke 6 herrscht? Da die Energie im Wind mit der dritten Potenz der Windgeschwindigkeit steigt, bringt das eigentlich recht kleine Windrad bei Windstärke 5 (8 – 11 m/s) vielleicht noch 125 W, bei Stärke 4 (5,5 – 8 m/s) kaum mehr als 60 W elektrische Leistung.

Untersuchungen unabhängiger Fachinstitutionen haben gezeigt, dass die gängigen Kleinwindkraftanlagen durchweg leistungsmäßig enttäuschen und selten die vom Hersteller angegebenen Nennleistungen erbringen! Dabei wird auch darauf hingewisen, dass größere Anlagen mit 4 – 7 m Rotordurchmesser nicht nur sehr viel leistungsstärker sind, sondern auch deutlich kostengünstiger Strom produzieren – allerdings nur dort, wo die Windenergie vorhanden ist und ungehindert einwirken kann. Diese Voraussetzung ist bei einer Siedlungsbebauung selten gegeben.

Bauarten

Gerade bei den Kleinwindkraftanlagen sind verschiedene Bauarten verbreitet. Allen bekannt sind die typischen großen dreiflügeligen Windkraftanlagen, die entlang der Autobahn oder im freien Feld zu sehen sind: Horizontalachser auf hohem Turm mit 3 Rotorblättern. Doch es gibt auch andere Bauarten. Typische Anlagen mit vertikaler Achse sind das Schalenkreuzanemometer, das auch als Windmesser genutzt wird, sowie die verschiedenen Formen des Darrieus-Rotors und der Querstromrotor, auch Savonius-

67: Eine besondere Form hat dieser Windgenerator mit Horizontalrotor, genannt Energy Ball V200. Mit seinen fünf Rotorblättern und 1,8 m Durchmesser kann er bei 5m/s Wind etwa 30 W erzeugen und bringt es bei stürmischen Wind (16 m/s) auf maximal 500 W. Nach Herstellerangaben sollen es sogar 1,3 kW sein, die aber nicht erzielt werden konnten.

Anlagentyp		Wirkungsgrad
	Theoretische mögliche Windleistung	59%
Horizontal-Achser	Auftriebsläufer (Flügelprofil)	39%
	Widerstandsläufer (Flachprofil)	19%
Vertikal-Achser	Darrieus-Rotor (nicht selbstanlaufend)	37%
	Savonius-Rotor (läuft auch bei wenig Wind)	23%
	Schalenkreuzanemometer (Windgeschwindigkeitsindikator)	8%

Tabelle 9: Erreichbare Wirkungsgrade verschiedener Bauarten von Windenergieanlagen.

Rotor genannt. Allen gemeinsam ist die senkrecht stehende Achse mit umlaufenden Rotorblättern. Vorteilhaft sind die vergleichsweise einfache Bauart und die Lage von Generator und Getriebe in Bodennähe. Das spart größere Turmkonstruktionen und lange Wege. Die Rotorblätter sind einfacher herzustellen und laufen sehr geräuscharm. Da die Windrichtung keine Rolle spielt, ist auch keine Nachführung von Rotor und Generator zur Windrichtung erforderlich. Deshalb sind Vertikalachser auch kostengünstiger herzustellen. Allerdings ist ihr Einsatz nur dort sinnvoll, wo genügend Wind auch in Bodennähe vorhanden ist. Ihre Energieausbeute liegt konstruktionsbedingt bei 10 – 35%. Es gibt nur wenige Einsatzbereiche, wo sich solche Windgeneratoren wirklich lohnen.

Horizontalachser, also Windkraftanlagen mit horizontaler Achse und zwei, drei oder mehr Rotorblättern, sind deutlich leistungsfähiger als die Vertikalachser und werden auf einem Mast mit wählbarer Höhe montiert. Grundsätzlich nimmt die Energieausbeute mit der Zahl der Rotorblätter etwas zu, deshalb erzeugt eine Anlage mit vier bis sechs Rotorblättern etwas mehr Energie als ein Zwei- oder Dreiblatt-Rotor, jedoch weniger, als es die größere Anzahl an Rotorblättern erwarten lässt. Andererseits drehen Anlagen mit weniger Rotorblättern schneller, was für den Generatorantrieb günstiger ist. Vom zwei- zum dreiblättrigen Windrad ist die Leistungssteigerung jedoch erheblich. Zwei und vierblättrige Windräder tendieren stärker zu Vibrationen und sind daher ungünstig. Weil immer ein Rotorblatt am Turm durchgeht, während das Gegenstück hoch oben im Windstrom steht, wird die Achse ungleichmäßig belastet, was zu Geräuschentwicklungen und zum schnelleren Verschleiß der Lager führt. Drei oder fünf Rotorblätter laufen dagegen stabiler, weitere Blätter brächten nur wenig Zugewinn. Da die Herstellung der Rotorblätter relativ aufwendig ist, ergibt sich bei 3 Rotorblättern zumindest bei großen Anlagen ein wirtschaftliches Optimum, kleinere Anlagen laufen mit 5 Blättern ruhiger und auch sehr effizient, obendrein laufen sie bei geringeren Windgeschwindigkeiten besser an.

Da zur Stromerzeugung höhere Generatordrehzahlen notwendig sind, benötigt man entweder eine Übersetzung mittels Getriebe oder einen besonders langsam laufenden vielpoligen Generator. Die Getriebeverluste können ggf. durch die etwas höhere Energieausbeute der zusätzlichen Rotorblätter kompensiert werden. In der Praxis kommen daher für kleinere WKA meist Drei- oder Fünfblatt-Rotoren mit Generatoren bis etwa 2 kW Leistung zur Anwendung. Diese Kleinanlagen liefern den erzeugten Strom meist als ungeregelten Wechselstrom oder Drehstrom, der für die Speicherung in 12 V-, 24 V- oder 48 V-Akkus gleichgerichtet werden muss. Bei getriebelosen Generatoren steigt die Generatorspannung wie beim Fahrraddynamo mit der Umdrehungsgeschwindigkeit des Rotors. Läuft die Anlage bei etwa 3 m/s an, lassen sich am Leitungsende 3 – 4 V messen, zu wenig, um einen Akku zu laden. Erst bei 5 – 6 m/s Wind dreht sich der Rotor schnell genug, dass die zum Laden eines Akkus notwendige Spannung erzeugt wird. Für einen 12 V-Akku sind mindestens 14 – 16 V erforderlich. Bei wenig Wind dreht sich das Windrad nur munter in der Luft, liefert aber praktisch keine nutzbare Energie. Bläst der Wind jedoch zu heftig (ab etwa 15 m/s), müssen der Rotor und Generator aus dem Wind gedreht oder abgebremst werden, um Schäden an den Flügeln oder eine Zerstörung der Anlage zu vermeiden.

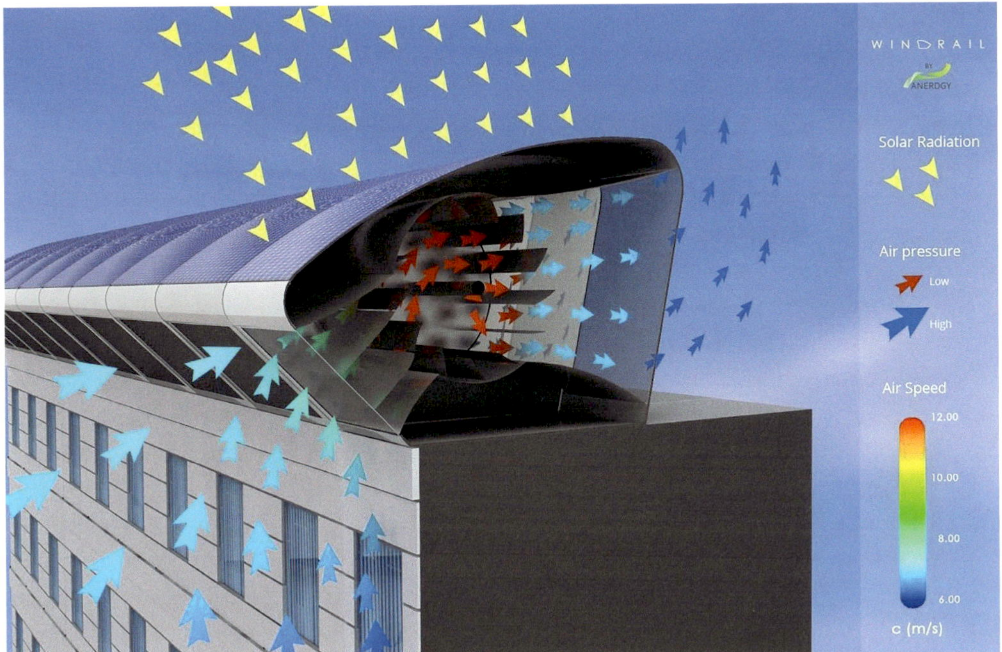

68: Wind an der Gebäudekante – Energieeinsparung leicht gemacht.

Um Ressourcen und den Energieverbrauch nachhaltig zu senken gibt es viele Möglichkeiten. Eine noch sehr junge Möglichkeit hat die Schweizer Firma Anerdgy entwickelt. Die am Gebäude lokal vorhandenen Energiequellen, das sind aufsteigende Luftmassen, Wind und Sonnenenergie, lassen sich mit geeigneter Technik in Strom umwandeln. Das patentierte Funktionsprinzip basiert auf neu entwickelten eingehausten Windturbinen-Modulen, den sogenannten WindRails. Sie richten die natürliche Luftströmung gezielt aus und leiten sie zur Turbine um. Das „Einfangen" der Windströmung direkt an der Fassadenkante hin zum Dach liefert deutlich bessere Winderträge, da durch die Gebäudeform die Windströmung an dieser Stelle kanalisiert ist. Der Druckunterschied, welcher zwischen angeströmter Fassade und Dach entsteht, trägt im WindRail zu einer Erhöhung der Windgeschwindigkeit bei – ein Effekt, der die Turbinenleistung um etwa 30-40% steigert. Schließlich wird die Moduloberfläche mit Photovoltaik oder mit Solarthermie ausgerüstet.

Die typischen Anwendungsfälle des Systems WindRail sind größere Wohn- und Geschäftsgebäude, welche prominent aus der Umgebung ragen, sowie Industrie- und Wohnbauten in der Stadtregion. Auch Bergrestaurants, Hotels usw. sind gut für diese Lösung geeignet. Erste Prototypen wurden erfolgreich in einem Industrieobjekt bei St. Gallen installiert. Ein einzelnes Modul ist 2,00 m breit und kann bei geeigneten Bedingungen 1200 – 1700 kWh/Jahr Energie liefern [21]. Weitere Informationen über: www.anerdgy.ch

Bei den Anlagen mit horizontaler Achse muss der Rotor ständig in den Wind geführt werden, der Generator im Turmkopf dreht sich also je nach Windrichtung gegenüber dem Turm. Die Stromübertragung vom Turmkopf auf das ortsfeste Kabel am Mast erfolgt dabei über Schleifringe. Die Übertragung von 2000 W Spitzenleistung bei 96 V bzw. von 1000 W bei 48 V bedingt immerhin einen Strom von rund 3 x 12 A (Drehstrom). Da der Standort der Windkraftanlage meist nicht in unmittelbarer Nähe des Hauses gewählt wird, ist auch die Zuleitung mit ausreichend bemessenem Kabelquerschnitt zu verlegen; anderenfalls treten in der Zuleitung beträchtliche Verluste auf.

Zum Laden der Akkus ist ein gesonderter Laderegler erforderlich, der auf die Betriebsbedingungen des Windgenerators abgestimmt ist. Insbesondere bei Sturm und geladener Batterie muss der Laderegler dafür sorgen, dass der Rotor nicht im Leerlauf durchdreht. Andererseits muss er auch eine Überlastung des Generators bei hohen Windgeschwindigkeiten verhindern. Zusätzlich ist eine mechanische Sturmsicherung der Anlage durch „aus dem Wind drehen“ oder durch Wirbelbremsen an den Flügelspitzen erforderlich.

Insgesamt können kleinere Windgeneratoren eine Solarstromanlage ergänzen, da die Energieformen Wind und Sonne zeitlich meist gegenläufig auftreten. In der Kombination ist die Stromerzeugung aus Wind und Sonne ausgeglichener als mit einer PV-Anlage allein. Nur in offenen Mittelgebirgslagen und in Küstennähe (also an guten Windenergiestandorten) kann eine gut positionierte kleine Windkraftanlage genauso viel Energie im Jahr erzeugen wie eine Solaranlage gleicher Preislage, kann also als echte Alternative zur Solarstromanlage gesehen werden.

Was sonst noch bei der Aufstellung zu beachten wäre:

- Auf freistehenden Masten befestigte Windräder sind strömungstechnisch günstiger als solche, die auf Dächern montiert werden.
- Bei Dachmontage treten statische und dynamische Windlasten auf, die über das Gebäude abgeleitet werden müssen. Das Wirken dieser Kräfte kann man hören! Falsch dimensionierte Konstruktionen können zudem Gebäudeschäden verursachen.
- Windräder erzeugen Geräusche und Schatten. Um Ärger zu vermeiden, beziehen Sie also die Nachbarn und die nähere Umgebung in Ihre Planungen mit ein. Interessant könnte auch eine gemeinsam genutzte größere Anlage sein. Dies fördert die Akzeptanz und ermöglicht eventuell einen günstigeren Standort im Außenbereich.
- Da das Baurecht in den Bundesländern unterschiedliche Regelungen enthält, erkundigen Sie sich frühzeitig bei der zuständigen Baubehörde, ob Sie eine Baugenehmigung benötigen. Im dicht besiedelten Gebiet ist das meistens der Fall, dagegen reicht im ländlichen Raum oftmals eine Bauanzeige für Windanlagen bis 10 m Nabenhöhe.

Fazit

Wie auch immer Sie sich entscheiden, kleine Windkraftanlagen sind nur dann wirtschaftlich, wenn sie zur Deckung Ihres Eigenstrombedarfs eingesetzt werden. Der derzeitige (2021) Strompreis für Haushalte liegt durchschnittlich bei 31,89 ct/kWh[(6)] und wird aller Voraussicht nach in den nächsten Jahren weiter steigen. Die Einspeisevergütung für Windkraft-, Offshore Windkraftanlagen beträgt dagegen nur 19,4 ct/kWh als Anfangsvergütung für die ersten acht Jahre, und geht danach auf 3,9 ct/kWh Grundvergütung zurück. An Land (Onshore) wird anders gerechnet und jedes Jahr aus den Ausschreibungen des Vorjahres neu ermittelt. 2021 lag die Einspeisevergütung bei 6,2 Cent/kWh (EEG 2021, § 46b). Der Grund: Windstrom ist im Netz wegen der immensen Leistungsschwankungen nicht sehr willkommen, weil die Schwankungen durch andere Kraftwerke ausgeregelt werden müssen.

Anhang

Licht aus – Earth Hour

Es ist eine Gedenkstunde im Jahr: Eine Stunde ohne Licht, die seit 2007 (mit einer Ausnahme) jeweils am letzten Sonnabend im März, von 20:30 bis 21:30 Uhr begangen wird. Ausgerufen wurde und wird diese Stunde weltweit von Umweltverbänden und Lobbyisten. Möglichst viele Menschen sollen zur gleichen Zeit das Licht ausschalten. Diese Aktion steht symbolisch für das Wissen um Energieverschwendung durch unnötige Beleuchtung und andere Stromverbraucher. Gleichzeitig soll auf weitere Einsparpotentiale hingewiesen werden. Die Aktion zeigt auch, wie es sich anfühlt, wenn ganze Städte im Dunkel versinken – sofern alle mitmachen, wohlgemerkt.

Die Idee dazu entstand aus einer Umweltschutzkampagne des WWF-Australia. Am 31. März 2007 gingen dazu erstmalig in der Vier-Millionen-Stadt Sydney, Australien, zwischen 19.30 und 20.30 Uhr viele Lichter aus. Auch viele Vorstädte beteiligten sich an dieser öffentlich geförderten Aktion. Während überall Reklameschilder und Schaufensterbeleuchtungen ausgingen, blieben aus Sicherheitsgründen viele Straßenlaternen eingeschaltet. Zu gewagt empfand man diese Aktion in einer Millionenmetropole, weil es noch keine Erfahrungen damit gab. In den Gaststätten und Kneipen vergnügte man sich derweilen eine Stunde lang bei gemütlichem Kerzenschein. Letztlich war die Aktion ein guter Erfolg, sie fand weltweit in den Medien Beachtung und Anerkennung. In den folgenden Jahren fanden sich viele Nachahmer.

Inzwischen ist die Earth Hour zu einem weltweiten Ereignis geworden. Eine einfache Idee wurde zum Mitmach-Event schlechthin, zu einer globalen Bewegung. Millionen von Menschen schalten am gleichen Abend für eine Stunde das Licht aus. Unzählige Gebäude, Brücken, Sehenswürdigkeiten und Wahrzeichen in Tausenden von Städten bleiben für 60 Minuten dunkel: der Kölner Dom, das Burj Kalifa in Dubai (das höchste Gebäude der Welt), die Pyramiden von Gizeh in Ägypten, der Eifelturm in Paris, die Akropolis in Griechenland, das indische Mausoleum Taj Mahal und Londons Big Ben, der Quezon Memorial Circle auf den Philippinen, Indiens Akshardham Tempel, die komplette Innenstadt Jakartas in Indonesien, die Skyline von Hong Kong bis zur Christusstatue in Rio de Janeiro. In den Ladenpassagen und Kneipenvierteln verlöschen die Reklameleuchten und in den Haushalten verstummen ganz freiwillig oft auch Fernseher und PCs. In den vergangenen Jahren schuf die Earth Hour so ganz eigene Geschichten und wurde zur größten weltweiten Umweltschutzaktion. Immer mehr Menschen zeigen auf diesem Weg ihre Bereitschaft, den Umwelt-, Natur- und Klimaschutz zu unterstützen.

Auch zahlreiche prominente Persönlichkeiten riefen zur Unterstützung der Earth Hour auf. Von Fußballstar Lionel Messi bis zum südafrikanischen Präsident Nelson Mandela. „Jeder einzelne spielt eine Rolle. Lasst uns zusammen einen Beitrag für eine saubere und grüne Welt leisten", verkündete 2013 der UN-Generalsekretär Ban Ki Moon.

Inzwischen nutzen viele Partner und Sympathisanten diese Aktion auch gleich zu weiteren Aktivitäten. So wurden 2013 in Russland mehr als 100.000 Unterschriften zum Waldschutz gesammelt. In Madagaskar wurden 1.000 umwelt- und klimafreundliche Öfen an Opfer des Zyklons Haruna übergeben. Wieviel Energie in dieser Stunde weltweit insgesamt eingespart wird, hat noch keiner ausgerechnet, so genau ist das auch gar nicht möglich. Der Energieriese E.ON hat berechnet, wenn jeder Privathaushalt in Deutschland mitmacht, könnten in dieser Stunde 18 Millionen Kilowattstunden eingespart werden, was einer CO2-Reduktion von rund 10.600 Tonnen entspricht.

Es gibt nicht nur Befürworter dieser Aktion. Vor allem aus der Wirtschaft gab es gelegentlich Bedenken, dass ein plötzlicher Lastabfall zu großen Schwierigkeiten bei den Netzbetreibern führen würde. Doch ein Blick in die Statistik verrät, dass der Anteil des Lichts in Deutschland bei etwa 2% vom Gesamtaufkommen des Elektroenergieverbrauches liegt.

Erstaunlicherweise blieben diese Werte seit 2007 konstant und bewegen sich durch den allmählichen Wandel hin zu LED und Energiesparleuchten eher nach unten. So ist es nicht verwunderlich, dass bisher noch kein Energiekonzern oder Stromnetzbetreiber von Schwierigkeiten während der Earth Hour sprach. Auch sind keine Stromausfälle bekannt. Es ist und bleibt damit ein symbolischer Akt für die Energiewende, für die Natur und für den schonenden Umgang mit den Ressourcen unserer Welt.

Hilfe bei Stromschlag

Auch wenn sich dieses Buch mit den Gefahren und Ereignissen eines Ausfalls der Stromversorgung befasst, so bleibt die Elektrizität an sich jedenfalls gefährlich. Schließlich hat auch jeder Blackout ein Ende, sei es, weil der Stromversorger wieder liefert, sei es, weil Ihre eigenen alternativen Energiequellen den Strom bereitstellen. Betrachten Sie daher selbst abgeschaltete Stromleitungen immer als potentiell spannungsführend! Überlassen Sie Arbeiten an den elektrischen Anlagenteilen unbedingt den dafür ausgebildeten Fachleuten – also dem Elektriker oder der Elektrikerin.

Ab wann der Strom gefährlich wird, hängt von mehreren Faktoren ab. Berührungsspannungen ab 50 V Wechselstrom und 120 V Gleichstrom gelten als gefährlich, in nassen Räumen, z.B. unter der Dusche, können allerdings auch schon 12 V ausreichen. Stromstärken ab 0,05 A und eine Einwirkungszeit von 1 Sekunde (Wechselstrom) können Herzkammerflimmern und Atemnot hervorrufen und tödliche Folgen haben. Auch die Schreckreaktion ist nicht zu unterschätzen, sie kann dazu führen, dass Sie von der Leiter fallen oder Gegenstände ruckartig herumschleudern. In ungünstigen Fällen lassen unkontrollierbare Muskelkontraktionen Ihre Hände verkrampfen, so dass Sie elektrische Leitungsteile nicht mehr loslassen können. Mit Strom ist daher nicht zu spaßen!

Was im Falle eines Stromschlages zu tun ist:

1. Sichern bzw. Eigenschutz
2. Notruf (in Europa 112)
3. Lebensrettende Sofortmaßnahmen

Diesen Ablauf sollten Sie aus Ihrer Führerscheinprüfung kennen. Im Einzelnen sieht das so aus: Entfernen Sie das stromführende Teil vom Verunfallten oder den Verunfallten vom stromführenden Gegenstand. Verwenden Sie ggf. einen Besenstiel, ein Stuhlbein oder eine leere Glasflasche, auf jeden Fall einen trockenen, nichtleitenden Gegenstand. Sichern Sie das stromführende Teil sichtbar oder durch Absperren so, dass andere Personen (z.B. der Arzt) es nicht zufällig berühren können. Rufen Sie Hilfe. Bitten Sie evtl. herbeigerufene Personen, einen Notruf abzusetzen, wenn sie es selbst nicht tun können. Beginnen Sie sofort mit lebensrettenden Maßnahmen, bei Herzstillstand mit der Herzdruckmassage. Zur Erinnerung: 30 x Herzdruckmassage. 2 x Atemspende. Beides ist im Wechsel so lange auszuführen, bis der Rettungsdienst eintrifft oder der Betroffene wieder normal zu atmen beginnt. Geben Sie einem vom Stromschlag Getroffenen reichlich Wasser zu trinken, um Stoffwechselgifte möglichst rasch aus dem Körper zu entfernen.

Nachwort

Es liegt in unserer Hand, wie wir auf veränderte Bedingungen reagieren. Der Mensch kann sich anpassen, wie sich auch Tier- und Pflanzenwelt seit Jahrmillionen anpassen. Was sich nicht anpasst, stirbt. Was übrig bleibt, sind Fossilien – Andenken an eine verschwundene Welt. Auch unsere Welt wird sich verändern. Wir sind auf dem besten Weg, die Veränderung selbst in die Hand zu nehmen. Auch wenn wir glauben, irgendwann die Naturgewalten zu beherrschen, ist schwer abzusehen, wohin wir steuern.

Erkennbar ist nur, mit welchen Hinterlassenschaften unsere Nachfahren leben müssen, mit Plastikabfällen, Bergbaufolgelandschaften und Atommüll, vielleicht auch mit leeren Ölfeldern, verschmutzten Weltmeeren und einem nicht mehr beherrschbaren Energiehunger. Wir sollten uns nicht allein auf die scheinbare Sicherheit unserer Gesellschaft verlassen, sondern selbst einen vernünftigen Weg in eine lebenswerte Zukunft suchen.

Wenn vielleicht nicht alle Teile dieses Buches für jeden nutzbar sind, so soll es doch Denkanstöße geben, über mögliche Notlagen im eigenen Lebensumfeld nachzudenken.

Ich bedanke mich an dieser Stelle bei allen, die mich beim Schreiben dieses Buches unterstützt haben, mit Gedankenaustausch und Diskussionen, aber auch mit Faktenwissen, Bildmaterial und Hintergrundinformationen.

Quellennachweis

(1) MDR 27.04.2010 20:15 „Exakt“ (Alleinerziehender Vater)

(2) Offizielle Angaben auf den Seiten von www.bundesregierung.de

(3) Stand 2021: https://www.bussgeldkatalog.org/strom-energie/kohle/

(4) Stand 8/2019, www.wasserkraft-deutschland.de/wasserkraft/wasserkraft-in-den-bundeslaender.html

(5) http://www.windguard.de, Stand 1. Hj. 2021; Die Deutsche WindGuard ermittelt im Auftrag von Arbeitsgemeinschaft Offshore-Windenergie, Bundesverband WindEnergie, Stiftung Offshore-Windenergie, Windenergie-Agentur WAB und VDMA Power Systems halbjährlich den Status des Offshore-Windenergieausbaus in Deutschland.

(6) Angaben aus Veröffentlichung 2016 und 2021: http://strom-report.de

(7) „State of the Art der Forschung zur Verwundbarkeit Kritischer Infrastrukturen am Beispiel Strom/Stromausfall“ Forschungsforum Öffentliche Sicherheit, Schriftenreihe Sicherheit Nr. 2, Oktober 2012, ISBN: 978-3-929619-63-8

(8) Tagaktuelle Werte sind für jedermann abrufbar von der Bundesnetzagentur: www.smard.de. Die genannten Zahlenwerte wurden aus den Veröffentlichungen von de.statista.com errechnet.

(9) HYPERLINK „https://www.handelsblatt.com/unternehmen/energie/energiewende-blackout-gefahr-im-deutschen-netz-wurde-der-strom-knapp/24515468.html“

(10) Kitesurfer: ENSO-Magazin Herbst 2013, ENSO-Netz S.11

(11) „Die Amish People. Überlebenskünstler in der modernen Gesellschaft“, Peter Ester 2005, ISBN 978-3491724877, Links zu den Amish Peoble: www.amisch.de, www.amishleben.com, www.greatlakes.de, www.heartofamishcountry.com, www.visitamishcountry.com,

(12) „Wer wandert, braucht nur, was er tragen kann: Bericht über ein einfaches Leben“ Anne Donath, 2007, ISBN 978-3492249843

(13) Ute Braun: „Alpsommer: Mein neues Leben als Hirtin“, 2009, ISBN 978- 3431037425, „Mein Kräutersommer: Neue Geschichten, Erlebnisse und Rezepte von der Alphirtin“, 2011, ISBN 978-3440122495, „Alm-Träume: wie die Berge meine Gäste verändern“ 2012, ISBN 978-3785724385

(14) Angaben zu 1990: www.tag-des-wassers.com/wasserverbrauch/
Angaben zu 2020: www.bdew.de/service/daten-und-grafiken/trinkwasserverwendung-im-haushalt/ Verband BDEW, Erdgas, Strom und Heizwärme. Wasser und Abwasser: Der BDEW vertritt über 1900 Unternehmen in Deutschland.

(15) https://de.statista.com/themen/1422/fahrzeugbestand/

(16) Statistisches Bundesamt, Gustav-Stresemann-Ring 11, 65189 Wiesbaden, www.destatis.de, 2011

(17) Pressemitteilung TÜV-Süd 1. Juni 2007

(18) www.freizeitmonitor.de /2015

(19) Prof. Dr. Hans-Dieter Schilling, Veröffentlichung vom 20. Februar 2004: „Wie haben sich die Wirkungsgrade der Kohlekraftwerke entwickelt und was ist künftig zu erwarten?“

(20) www.bhkw-infothek.de/www.der-dachs.com

(21) ANERDGY AG – Building energy generation, Technoparkstrasse 1; CH- 8005 Zürich, Sven.koehler@anerdgy.ch; +41 78 912 06 39

(22) Initiative Brennstoffzelle, Internet: www.ibz-info.de, Hotline: 0800/1011447 (freecall)-Callux – Der Praxistest Brennstoffzelle fürs Eigenheim (www.callux.net)

(24) http://www.umweltbundesamt.de/wasser/themen/fluesse-und-seen/fluesse/belastungen/wasserkraftnutzung.htm

(25) Förderverein Heiz-Kraft-Werk Beelitz Heilstätten e.V., Postfach 1131, 14547 Beelitz, Tel. 033204/34703 und 033204/39167, foerdervereinhkw@beelitz.de

(26) Forschungsforum Öffentliche Sicherheit, Schriftenreihe Sicherheit Nr. 2, Oktober 2010 „State of the Art der Forschung zur Verwundbarkeit Kritischer Infrastrukturen am Beispiel Strom/Stromausfall“ J. Birkmann, C. Bach, S. Guhl, M. Witting, T. Welle, M. Schmude. ISBN 978-3-929619-63-8

(27) Rolf Behringer, Michael Götz: Kochen mit der Sonne – Solar kochen und backen in Mitteleuropa. ökobuch Verlag, Staufen, 2012

(28) Bundesanstalt für Geowissenschaften und Rohstoffe (BGR); Energiestudie 2019; Stand 30.04.2020, unter www.zukunftsheizen.de/heizoel/wie-lange-reicht-das-erdoel.html

Nützliche Empfehlung

Bundesamt für Bevölkerungsschutz und Katastrophenhilfe (BBK): „Für den Notfall vorgesorgt – Vorsorge und Eigenhilfe in Notsituationen" http://www.bbk.bund.de

Survivalforum: http://www.survivalforum.ch

Abbildungsverzeichnis

Stichwortverzeichnis

Markus Mattzick

Band 1 - 496 Seiten
Taschenbuch: € 14,99
ISBN: 9783754132586
EBook: € 4,99
ISBN: 9783754131732

Band 2 - 504 Seiten
Taschenbuch: € 14,99
ISBN: 9783754138656
EBook: € 4,99
ISBN: 9783754138670

Gesamtausgabe 868 Seiten
Paperback: € 24,99
ISBN: 9783347388994
Hardcover: € 34,99
ISBN: 9783347389007

blog.mattzick.net

Ohne Strom - Wo sind deine Grenzen?

Drei Frauen. Drei Männer. Ein ganz normaler Sommernachmittag in Deutschland.

Ein Blackout überrascht die Menschen in ihrem Alltag und nur langsam erkennen sie, dass es kein normaler Stromausfall ist. Ohne Strom brechen Kommunikation, Wasserversorgung, Verkehr und die gewohnten Versorgungsketten weg.

Während Simone den Blackout in Hamburg erlebt und sich zu ihrer Familie ins mittelhessische Umbach durchschlägt, organisiert ihr Mann Malte neue Wege, das Dorf zu versorgen. Alte Konflikte werden verstärkt, neue kommen hinzu und schnell merken sie, dass die Zivilisation nur eine dünne Schicht ist, wenn man um Nahrung kämpfen muss.

Wird Simone ihre Familie wiedersehen?
Wird sich das Dorf gegen Bedrohungen von außen und innen wehren können?

Lesermeinungen

Ein Blackout ist jederzeit möglich

Der Autor hat sehr gründlich recherchiert und diese Buch muss man gelesen haben.

Spannend und erschreckend zugleich

Markus Mattzick hat mit seinem Erstlingswerk einen großen Wurf gelandet. Schlüssige, spannende Story und sehr gut nachvollziehbare Handlungsstränge. Der Autor vermittelt jederzeit das Gefühl, dass es genau so in der Realität passieren könnte.

Erhältlich bzw. bestellbar im **lokalen Buchhandel** oder online bei **Amazon**, **Thalia**, **Hugendubel**, bei vielen anderen Webshops und direkt über meinen Shop bei **lieblingsautor.de**. Das EBook gibt es u.a. für **Kindle**, **Tolino**, bei **Apple** und **Google**.

Weitere Bücher im ökobuch Verlag

Anders gärtnern

Permakultur-Elemente im Hausgarten. Ob Kräuterspirale, Krater- bzw. Hochbeet, Kartoffelturm, Wurmfarm oder Erdgewächshaus mit Hühnerstall, bei allem dient die Natur als Vorbild. Mit vielen Anleitungen für einen Hausgarten, in dem die Bereiche harmonisch zusammenwirken und sich gegenseitig fördern. Von Margit Rusch. 96 Seiten, mit vielen farbigen Abbildungen, 15,95 €

Mein kleiner Permakultur-Garten

300 kg Ernte auf 150 m² Fläche mitten in der Stadt. Der Autor Josef Chauffrey beschreibt die Kultivierung eines Reihenhausgartens nach Permakultur-Prinzipien und zeigt, wie sich beachtliche Ernteerfolge an Obst u. Gemüse erzielen lassen. 110 Seiten, mit vielen farbigen Abbildungen, 14,95 €

Das Biogarten-Praxisbuch

Anleitung zum naturgemäßen Gärtnern in Bildern. Hier wird das notwendige Wissen vermittelt, um erfolgreich den Boden zu bestellen und reichhaltig gesundes Obst und Gemüse zu ernten. Susanne Bruns. 224 Seiten, viele Abbildungen, 18,95 €

Permakultur im Hausgarten

Mit diesem Buch gibt der Autor einen Leitfaden an die Hand, wie ein Hausgarten Stück für Stück zum persönlichen und vielseitigen Permakultur-Garten gestaltet oder umgestaltet werden kann. Jonas Gampe. 144 Seiten, mit vielen Abbildungen, 16,95 €

Auf 300 qm Gemüseland

… den Bedarf eines Haushalts ziehen. Wie man auf kleinstem Raum einen Nutzgarten anlegt und erfolgreich bewirtschaftet, können wir von unseren Vorfahren lernen. Mit schnellen, praktischen, alphabetisch geordneten Infos über die wesentlichen Pflanzen, über Anbau- und Arbeitsmethoden. Von Arthur Janson. Neugestalteter Nachdruck der Erstausgabe von 1926. 170 Seiten, 13,95 €

Saatgut aus dem Hausgarten

Nach einer Einführung in die Saatgutgewinnung und in die Praxis der Vermehrung werden die nötigen Hilfsmittel, Ernte, Reinigung und Lagerung der Samen sowie Aussaat und Aufzucht beschrieben. Mit kurzen Pflanzenporträts aller im Hausgarten üblichen Kräuter, Gemüse und Blumen. Von Marlies Ortner. 138 Seiten, mit vielen farbigen Abbildungen, 19,90 €

Trocknen und Dörren mit der Sonne

Bau & Betrieb von Solartrocknern. Ein Buch für alle, die einen funktionstüchtigen Solartrockner kostengünstig selbst bauen möchten, um Obst, Gemüse und Kräuter natürlich und hochwertig haltbar zu machen. Außerdem: Praxis des Trocknens mit vielen Tipps aus langjähriger Erfahrung. Herausgegeben von Claudia Lorenz-Ladener. 96 Seiten, mit vielen farbigen Abbildungen, 13,95 €

Terrassen und Decks aus Holz selbst gebaut

Planungsüberlegungen, sinnvolle Konstruktionen, Materialempfehlungen. Viele Beispiele und Schritt-für-Schritt-Bilder vermitteln das Wissen zum Bau schöner Holzdecks. Von Peter Himmelhuber. 102 Seiten, mit vielen farbigen Abbildungen, 14,95 €

Mein Garten lebt

Vögel, Schmetterlinge, Igel, Wildbienen und andere nützliche Tiere ansiedeln. Mit Bauanleitungen und Gestaltungsideen, um durch Nisthilfen, Schlafquartiere u.ä, Gärten tierfreundlich zu gestalten. Von Peter Himmelhuber. 96 Seiten, mit vielen farbigen Abbildungen, 13,95 €

Natürlich konservieren

Die 250 besten Rezepte, um Gemüse und Obst möglichst naturbelassen haltbar zu machen und ein maximum an Vitaminen, Nährstoffen und Geschmack zu erhalten. Herausgegeben von Terre Vivante. 160 Seiten, mit vielen Abbildungen, 13,90 €

Trockenmauern für den Garten

Bauanleitung & Gestaltungsideen. Ob Sitzplätze oder Hochbeete einzufassen, eine Hangfläche zu terrassieren oder das Grundstück einzugrenzen: Mit einfachen Werkzeugen kann jeder kostengünstig eine schöne und dauerhafte Trockenmauer selbst bauen. Von Jana Spitzer und Reiner Dittrich. 96 Seiten, mit vielen farbigen Abbildungen, 13,95 €